锦绣童帽

传世虎头帽
文化图鉴

周锦——著

锦绣童帽

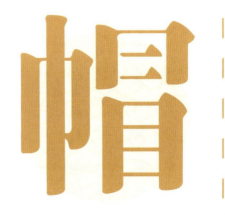

当代世界出版社
THE CONTEMPORARY WORLD PRESS

图书在版编目（CIP）数据

锦绣童帽 ： 传世虎头帽文化图鉴 / 周锦著.
北京 ： 当代世界出版社, 2025. 3. -- ISBN 978-7-5090-1847-7
Ⅰ. TS941.721-64
中国国家版本馆CIP数据核字第202547UW18号

书　　名：锦绣童帽：传世虎头帽文化图鉴
作　　者：周　锦
出 品 人：李双伍
监　　制：吕　辉
责任编辑：李丽丽　崔　鑫
出版发行：当代世界出版社
地　　址：北京市东城区地安门东大街70-9号
邮　　编：100009
邮　　箱：ddsjchubanshe@163.com
编务电话：（010）83907528
（010）83908410转806
发行电话：（010）83908410转812
传　　真：（010）83908410转806
经　　销：新华书店
印　　刷：北京新华印刷有限公司
开　　本：889毫米×1194毫米　1/16
印　　张：20
字　　数：230千字
版　　次：2025年3月第1版
印　　次：2025年3月第1次
书　　号：ISBN 978-7-5090-1847-7
定　　价：198.00元

法律顾问：北京市东卫律师事务所 钱汪龙律师团队（010）65542827

— 周锦 —

中华优秀传统文化践行者，山东省服装设计协会会长，北京服装学院客座教授，中央戏剧学院客座教授，济南市槐荫区侨联副主席，意大利中华文化时尚学院院长，中国十佳时装设计师，山东尼山书院邀聘教师，东华大学、天津工业大学校外导师，青岛大学、山东工艺美术学院等院校课程实践导师。

非遗衣线绣马面裙制作技艺项目代表性传承人，马面裙的文化和产业推广者、引领者，中国鲁锦开发者、创新者、重要推广者，鲁锦时尚的引领者，鲁锦产业高质量发展联盟产业中心负责人，太阳鸟文化、服饰、科技企业的总策划，曹县汉服设计研究院院长。策划和投资创立的中国国际华服设计大赛成为“一带一路”民心相通的配套项目。

国家发改委课题项目组专家，中国标准化委会委员、专家，有近20年的国际标准化专家、委员经历，参与 90余项国际和国家标准的制定，拥有100余项专利。

荣获2023年“全国归侨侨眷先进个人”、2022年“中国纺织非遗推广大使”、2020年中国纺织服装行业“十大时尚引领榜样”称号。著有《锦绣罗裙：传世马面裙鉴赏图录》《锦绣旗袍：传奇旗袍鉴赏图录》，参与出版了《中国古代服饰文献图解》《中华传统礼仪服饰与古代色彩观》，其中《中国古代服饰文献图解》获全国古籍出版社百佳图书（2021年）一等奖以及第八届中华优秀出版物奖图书奖，《锦绣罗裙：传世马面裙鉴赏图录》获2023年度中国纺织工业联合会优秀出版物奖。

序言一

冠之德

中国服饰文化，始于衣冠，达于博远。

《穀梁传·文公十二年》载："男子二十而冠，冠而列丈夫。"唐代颜师古注曰："冠者，首之所著，故曰'元服'。"元，首也；"元服"，即古代冠礼时初次冠带之意，通常指男子（二十岁）的衣冠礼，意味着告别青少年走向了成年。（这种礼仪在中国之外的日本、越南等国也得到了继承和发扬。）

古代称"行冠礼"为"加元服"。对此，古文献记载颇多。如，《仪礼·士冠礼》："令月吉日，始加元服。"《汉书·昭帝纪》："〔元凤〕四年春正月丁亥，帝加元服。"《梁书·卷八》："太子自加元服，高祖便使省万机，内外百司奏事者填塞于前。"

在古代，对于衣冠礼，若当冠而不冠者即为"非礼"。尤其在汉代以后，"冠"已经成为区分等级地位的重要标志。人们透过多种不同形制的冠，如冕冠、鹖冠、长冠、通天冠、高山冠、进贤冠、方山冠、术士冠等，可以区分出高下尊卑与职业特质等内容。

由于"冠"居人身最高处，为上首，故引申出充满尊贵与荣耀的"第一"之意，因此它不仅具有权力、美好与圆融的特质，尤其还具有领先超越之意——除了人们耳熟能详的"冠军"之外，在文学作品中的应用也屡见不鲜。如，北宋苏轼赞扬芍药"为天下冠"，明代冯时可《雨航杂录》载："文章，士人之冠冕也。"清代陆以湉《冷庐杂识》载："《易》之冠经，《论语》之冠书，《道德经》之冠诸子，《通书》之冠诸儒，孙武子之冠兵法，惟其简也。"足见该词使用广泛。

而最值得一提的是，古代的冠，不仅是礼的形式和重要饰物，更是教育方向的指引。

先秦典籍《庄子·田子方》载有庄子与鲁哀公的对话。其中，庄子道："周闻之，儒者冠圜冠者，知天时；履句屦者，知地形；缓佩玦者，事至而断。"意为"我听说，儒者之中，头戴圆冠者，为精通天时之道者；脚穿方鞋者，是精通地理之学者；用五色丝带系玉玦者，是遇事有决断之功者。"从庄子之言可知：对于真正的儒者而言，头戴圆冠是精通天文之智慧的标志。换言之，"冠"有通天之德！（从《易经》乾卦的维度亦可了知其理。）

众所周知，天文学离不开干支、节气、星宿等内容。《汉书·食货志上》载："八岁入小学，学六甲、五方、书计之事，始知室家长幼之节。"《南史·隐逸传上·顾欢》亦载："年六七岁，知推六甲。"唐代大诗人李白五岁开始发蒙读书，《上安州裴长史书》载其"五岁诵六甲"，这个六甲就是中国古代天文学的基础六十甲子干支内容。小孩子在懂得天干地支之后，自然便会懂得时辰、二十四节气、七十二候以及二十八星宿等内容……生命从此就与天道产生了紧密连接，并反哺于中华民族的生活习俗之中。

作为山西著名的古建筑，素有"中国民间故宫""山西的紫禁城""华夏民居第一宅"之称的王家大院，门楼上的碑刻匾额为"寅宾"二字，而很多老宅院中也有"寅宾"匾额，可惜今人多不知其义。其实，"寅宾"之意是与寅时太阳即将升起、光明来临有关的，比喻为迎接带来光明的宾客，古代亦称"迎寅"，首见于《尚书·尧典》："寅宾出日，平秩东作。"由于太阳每天从东方升起，故而古人将东门又称为"寅宾门"。至今湖北荆州古城墙遗址中尚存有"寅宾门"。唐代文学家独孤授亦有传世散文《寅宾出日赋》。宋仁宗赵祯也曾写有"寅亮天地弼予一人"赠其老师张士逊，意思是"感恩老师帮我启明天地、辅翼功业"，表达谢师之情。此外，青岛崂山还有明代进士陈沂所题刻的"寅宾洞"。

不仅是建筑、文学和旅游，人的出生也与"迎寅"有关——据清代冯楚瞻《冯氏锦囊秘录·杂症大小合参卷一·水火立命论》载："夫人何以生？生于火也。人生于寅，寅者，火也。火，阳之体也。造化以阳为生之根，人生以火为命之门。"而《黄帝内经》曰："尽终其天年，度百岁乃去。"强调人不是因得病而亡的，是因阳气渐弱导致衰老而终的。人要长寿、要无病，就要养阳；只要阳气充足，疾病就压不倒生命；而阳气衰弱，势必命不久长。那么，人如何升阳呢？中医讲"春主醒、主动"，人到早上四五点钟，就应醒来并活动，这就叫"迎寅"。寅时之动，阳气升腾。再加之脚踏土地，土能平阴补阳，阳气足，疾病就少。因此，早睡早起，按时起居，"与时偕行"（《易经·艮卦》），是升阳益生的良方。

也正是在这种文化背景下，中国古代的冠礼之日才往往选为甲子、丙寅日作为吉日，特别是以正月（寅月）为大吉。这就是取"迎寅"的喜气之故。

又因为在十二生肖中，"寅"对应为虎，于是在"迎寅"的人文背景下，人们便产生了佩戴"虎头帽"的习俗，以此来祈愿生活蒸蒸日上、虎虎生威。

你看，这独特的中国文化魅力，给世人展现了博大精深、福泽后世的冠德智慧！

也正因如此，才有了诸如"冠德卓绝""冠德明功"等古语传世。

《诗经》曰："有物有则。"意思是万物皆有其法则与规律，有其"道中之道，道中之法，法中之法（明代《道法会元·道法枢纽》）。"仅仅一个"冠"字，就饱含了学问、权力、美饰和健康的宣教之功，而这种别开生面的智慧指引，能令无数后人澎湃其中。

冠帽之别

古语言：道在器中，百姓日用而不知。

在古代，"冠"是上朝、祭祀与典礼等正式

场合的标配。而在明代朱浙诗中所见到的“童冠相追随，读书松桂林”（《题张耻独手卷》），描述了小孩子们戴着帽子，互相追随，在树林中读书的场景。这里的“童冠”指的是普通帽子。《隋书·礼仪志六》：“帽，自天子下及士人，通冠之。”上至君王将相，下至平民百姓均可以戴之。又，《玉篇·巾部》载：“帽，头帽也。”《字汇·巾部》载：“帽，头衣。”“自乘舆宴居下至庶人无爵者，皆服之。”天下普及。

但有一点需要注意：“帽”字在古代写成“冃（mào）”——外面像布、巾一类的覆盖物向下垂覆状，里面两横表示帽上的纹饰，覆盖整个头顶（冠，只罩住发髻）。后来，人们又在其下加“目”，代表人的头部，继而形成“冒”字。又由于帽子多用布帛制成，因此，又加上“巾”字形成“帽”字，沿用至今。（因“冒”源于“冃”，《说文解字》载：“冃，小儿、蛮夷头衣也。”清代段玉裁注：“小儿未冠。夷狄未能言冠。故不冠而冃。”由此可知，“冃”与“冠”不同，是不能戴“冠”者所戴的。）由于“一代冠服自有一代之制”，冠帽成为贵贱等级的重要标志。尤其是贫贱而无身份者是不准戴冠的。

早期的礼法，约定正式场合需要戴“冠”，非正式场合则戴“帽”。比如，《资治通鉴》所载魏明帝青龙三年，“帝尝著帽，被缥绫半袖。阜问帝曰：‘此于礼何法服也？’帝默不答。自是不法服不以见阜”。是说，时任少府杨阜认为魏明帝头戴便帽，身穿淡青色短袖绸衫的装扮不符合礼法。而这种日常所戴的便帽，便是清代刘鹗《老残游记》中所载的“刚弼却不认得老残为何许人，又看他青衣小帽，就喝令差人拉他下去”中的“小帽”。显然魏明帝在上朝时戴这种便帽，确实有些轻佻失礼。早在《礼记·王制》便载有“四诛”之说：“作淫声、异服、奇技、奇器以疑众，杀。”对于不合礼制的奇装异服，古称“服妖”，为不祥之兆，乃国之大忌，历代皆明令禁止。

随着时代变迁，礼帽逐渐出现，且以“朝帽”最为突出。在唐代柳宗元的“春衫裁白纻，朝帽挂乌纱”和明代薛瑄“朝帽之峰露高顶”的诗句中，均可管窥一二。

及至宋代，由于材料和政治的关系，还出现了著名的乌纱帽，成为人们众所周知的权力象征。

总之，冠帽之别，是尊卑、礼俗关系的展现，充满了文化变迁的内涵与魅力。

帽以载道

古往今来，帽子文化与社会背景、色彩、时令、纹样、材料乃至官阶与财富等，都有着千丝万缕的联系。并且，亦使得冠融于帽、冠隐帽兴。

《诗经》有言：“他山之石，可以攻玉。”2023年，大英博物馆展出了一件馆藏的寓意吉祥如意、平安喜乐、龙虎精神的“中国清末鱼龙形童帽”，轰动一时。这顶制作于1850—1900年的帽子，高20厘米，宽20厘米，长30厘米，由棉、丝、金线刺绣，头上带角的鱼龙身上还有鱼鳞、胡须和凸出的眼睛，帽后还有一条长尾巴。一眼望去，人们望子成龙的美意喷薄而出。

这顶帽子的出现，不仅唤起了国人对民族锦绣文物的热爱，也展现了十翼书院门生周锦女士的传承之心！

汉代贾谊有名句传世：“爱出者爱反，福往者福来。”（《新书》）这句话好似她的写照——她在出版《锦绣罗裙：传世马面裙鉴赏图录》一书之后，不仅让马面裙风靡中国、走向了世界，更是在整理马面裙期间，也陆续整理出了大量以虎头帽为代表的各种帽子。

未曾想，在她长达40年的收藏之旅中，竟然藏有近3000顶虎头帽！仅清代的虎头帽就有2000多顶，民国的也有600多顶，包含20多个少数民族的。并且它们风格各异，形态多元，纹样缤纷，材料精美，寓意丰富——有安五脏、定心神、去祟邪、佑平安、发文昌的虎头帽、凤凰帽、状元帽、博士帽、公子帽、龙帽、猪头帽、白兔帽等。10余人的修复团队耗时3个月才完成汇总工作，最终拍摄出3万多张图片。令人欣喜至极！

北宋张载说：“为天地立心，为生民立命，为往圣继绝学，为万世开太平。”而对于自幼热爱衣冠文化的周锦，则是：为天地立心，为生民立衣冠，为往圣继绝学，为万世开福泽！

她在本书中展示藏品帽子2000余顶（儿童帽），以为世鉴，以帽载道，以期冠德再兴，以绽美成在久！

清代张潮在其《幽梦影》中说：“有功夫读书谓之福，有力量济人谓之福，有学问著述谓之福，无是非到耳谓之福，有多闻、直、谅之友，谓之福。”在这“五福”之中，周锦至少占其四——有功夫读书、有能力助人、有著作传世、有益友相伴。而人生如此，怎不令人艳羡？！

十翼书院山长

米鸿宾

2024年11月2日

序言二

元亨利贞、冠盖云集

吾华夏之美学，内实朴而外华彩，文质彬彬，斯乃君子也。其为元者，善之长也；其为亨者，嘉之会也；其为利者，义之和也；其为贞者，事之干也。此充实饱满，丰华以为教也。

元亨利贞，刚健辉光，柔顺厚德，乾知大始，坤作成物，乾坤并建，刚柔相济，文质和合，斯为华夏也。若是之华夏美学，生生不息，源远流长也。顺天地之气，合乾坤之德，调理气、畅身心、彰名实、和礼乐是也。

大礼者，与天地同节也；大乐者，与天地同和也。礼以别异，乐以和同，既显差别，又和合不二也。孟子有言："可欲之谓善，有诸己之谓信，充实之谓美，充实而有光辉之谓大，大而化之之谓圣，圣而不可知之之谓神。"善、信、美、大、圣、神，斯乃吾华夏之大美也。

善以正其德，信以立其本，充而实之，所以显其美善也。有此美善，内外莹澈、本末通贯，人格辉光，自照照人，含闳光大也；通天接地，斯为圣也。其有可知者，有未可知者，气韵生动，灵气飘逸，妙气造化，知几其神乎！

气以韵之，神以妙之，其觉在人。觉也者，有真君存焉。灵也者，通乎宙宇，古往来今也。然乎然，其有不然者也。觉乎觉，斯为真觉也。灵觉而养其昭明，妙生不已者也。内修其德，外饰其美，斯可以养其灵觉也。灵觉既养，其德如锦，锦饰其德也。饰之所以修之，修之润之，成此华夏也。

吾之学生，遍及中国、亚洲、欧美诸国；然周锦者，乃吾最特别之弟子也。其尊师重道，勤于思考，乐于学习，不断精进，实为难得。乙未年，吾于长沙讲学，述《道德经》之奥义。周锦不远千里而至，求学之心切，悟性之高，令吾深感其诚。其对吾所授课程，深有所契，真难能可贵也。

越岁，周锦邀吾至济南讲学，大明湖畔，吾与之结下深厚师生之缘。亦巧合受周锦及诸友之推荐，丁酉年，吾受聘为山大特聘教授。每至济南，皆见周锦笑容可掬，门庭广众，其为人也，真乃"直方大，不习无不利"也。

周锦非徒为商人，更似设计师、学者、大侠。相处十载，其于人文艺术学圈中，不断学习进步，深得众人推崇。其将中国哲学义理，《易经》之哲学，运用于服装设计及服饰文化之解读，令人耳目一新。闻《锦绣童帽》周锦第五本著作，即将出版，吾为师者，为之欣喜，欢悦如如也。自从业以来，周锦三十年如一日，孜孜不倦，先后于意大利、英国、法国、日本等国和中国的台湾、香港、澳门等地不断学习，其好学精神，令人感动。

专此祝愿周锦在服饰文化之研究中，更上一层楼，光大华夏之美学，传承文化之精髓，生生不息，源远流长也。

是为推荐序！

山东大学特聘教授
国际儒学联合会副理事长
元亨书院山长
林安梧
2024年12月18日于台北元亨书院

序言三

周锦编撰的《锦绣童帽》，是一本传统童帽图鉴的书稿。

帽子的雏形为“冖”mì，《说文解字》中说：“冂，覆也。从一下垂也。”本指盖头顶两边下垂的头巾，后作“幂”。“冃”mǎo，《说文解字》说：“冃，重复也。从冖、一。”二层覆盖，平顶帽子。“冃”mào，《说文解字》说：“冃，小儿、蛮夷头衣也。从冖，二，其饰也。”正面有装饰的儿童高帽，如“虎头帽”。“冒”mào，《说文解字》说：“冐，冢而前也。从冃，从目。”戴在眼睛（目）上的帽子（冃），本指便帽。帽子高出眼睛（目），作动词表“冒出、冒充”义，名词加巾作“帽”，《玉篇》中说：“帽，头帽。”高鸿缙《中国字例》中说：“冖、冃、冃、冒、帽，五形一字。”后出“帽”mào为帽子的通称。

“冠”guān，《说文解字》说：“冠，絭也，所以絭发，弁冕之总名也。从冖，从元，元亦声。冠有法制，从寸。”头发卷起（絭juàn）戴上帽为冠，以手（寸）戴帽（冖）于人头（元）为“冠”。“寸”也指法度，古代帽子尺寸、颜色都有相应制度，男孩二十岁行成人礼为“冠礼”（《仪礼·士冠礼》），所加“冠”是名词，读guān，指帽子。

初生婴儿头顶盖骨（囟–囟）还没长拢，称“囟门未合”，故需戴高顶帽子保护好。今通行的农历是夏朝历法，夏历以泰卦䷊寅月为正月（三阳开泰），十二地支寅属虎，虎为百兽之王，有镇邪佑福之象，儿童新春正月戴新虎头帽，保佑吉祥如意。十二地支纪日之寅时（3—5点）当早起迎接东方太阳升起，《尚书·尧典》谓“寅宾出日，平秩东作”。由迎接日出之礼扩展为迎接宾客之礼，“寅宾”即“迎宾”。《周礼·保氏》谓“养国子以道,乃教之六艺：一曰五礼，二曰六乐，三曰五射，四曰五驭，五曰六书，六曰九数”，儿童启蒙学习“六艺”，首先就是“习礼”。蒙以养正，儿童戴虎头帽，习待人接物之礼，为“士冠礼”的预备，品德修养的前行，故可称之为“德冠”。

周锦跟随我学习传统文化。2015年我在济南开办书院，组织讲授及研习《说文解字》、《尚书》、“四书”、“三礼”等系列课程。她既是出资、出力的实行者，也是从不缺席、勤于思考、学有所得的好学生。更不易的是，为让更多难以进入课堂面授的爱学者有学习的机会，她主持做我系列课程的微信公众号，每周按时更新，十年从未间断，影响广远，无私无怠，令人感佩。

通过对我“解字讲经”课程的系统学习，周锦学以致用，深刻认识到文字解析与华夏文化有方方面面的紧密联系，对她从事的服装行业更是如此，中国服饰的文化自信必须从文字自信上下功夫。记得2017年她说，要让中国服饰在世界上发出声音。首先尝试一件“五行服”，于是我帮她挑选10个吉祥文字及其书法体式，她用于服装设计和制作之中。没想到此后短短几年，她竟因此跃升为国际上一众媒体多次报道的设计师，华夏文字在服饰中美轮美奂的表现，是服装设计界未曾见到的。

此后，周锦决心以“华服”为载体，把中国文化讲述给世界。2021年她说，要用十年积蓄为祖国挖掘中国服饰的设计人才，不久就成功开启“中国国际华服设计大赛”。同年5月她又找我，希望能将中国“礼服”用说文解字的形式梳理清楚。被她的真诚与执着所感动，我花一段时间从历代经典文献中找出中国礼仪服饰的相关资料，用“说文解字”方法将“华夏、中华、礼服、服装”等梳理为“华服”概念，写成8000字辩证文章，同年7月23日在清华大学古月堂，与多位文化、服装学者及相关领导确立“华服”概念和词条，并被收列入策划中的《中国百科大词典》。这样的学习与探索，为周锦在服饰文化上的设计与创新奠定了基础。

十多年时间，周锦一直在不断学习与学以致用的道路上努力前行。有时大家非常心疼她，但她总是乐呵呵地说：能够为中国服饰之美走向世界作贡献，就是她今生的使命。近来，周锦对所收藏的千数顶传世儿童帽（虎头帽）精选精编，成《锦绣童帽》书稿，我为之欣悦，望其精进，是以为序。

武汉大学文学院教授、博士生导师
武汉大学古籍整理研究所副所长
万献初
2024年12月于故居咸宁温泉初九书苑

目录

锦绣童帽——传世虎头帽文化图鉴

童帽

第一章

春秋交织　锦帽晓芳

一、碗帽

1

橙缎地堆绫贴布绣虎纹
虎头碗帽

这顶虎头帽属于碗帽类型，结构包括帽顶、帽耳、帽身、尾巴四个部分。帽子的整体造型中心对称，帽顶与帽身上下缝合，各部分以中线为轴缝合，帽顶中线有黑线绣成的脊梁，并延伸至帽身背面由棉花填充形成立体尾部造型。织绣技法方面，虎头及五官的轮廓使用堆绫工艺，眼睛采用了突出式的立体堆绫装饰，围绕眼部外圈装饰黑色的流苏，构成虎目炯炯有神的效果；虎须通过金色线绣垂下，富有动态感；牙齿运用打褶的工艺呈现；虎身、虎尾、虎爪均用刺绣装点出虎斑纹，并使用各种绣技塑造出老虎的五官，使老虎的造型呈现立体俯卧的姿态，进一步增强了虎头的威严和生动。配色方面，帽主体为橙色，虎头的耳和嘴部均采用了紫红色，鲜艳的暖色调与帽身的黑色及眉部的蓝色形成了强烈的对比，且与帽身上的粉红色的花卉果实纹样形成呼应，整体色调和谐统一，冷色调与暖色调的结合，不仅变化多样又富有层次感，且突出了纹饰主体，呈现生动活泼、栩栩如生的效果。材质上，帽子的外层为橙色缎地，内里采用黑色缎，富有光泽感。此款虎头帽纹样独具特色，除了黑色的虎斑纹外，在帽身周围还绣有石榴纹，象征着多子多福，家庭兴旺。

虎头帽是新生儿在诞生之际必备的首服。人们希望小孩平安成长，能如同老虎一般强壮健康。这顶虎头碗帽设计精致，运用适宜、写实、立体的塑造手法，集实用性、观赏性、趣味性于一身。

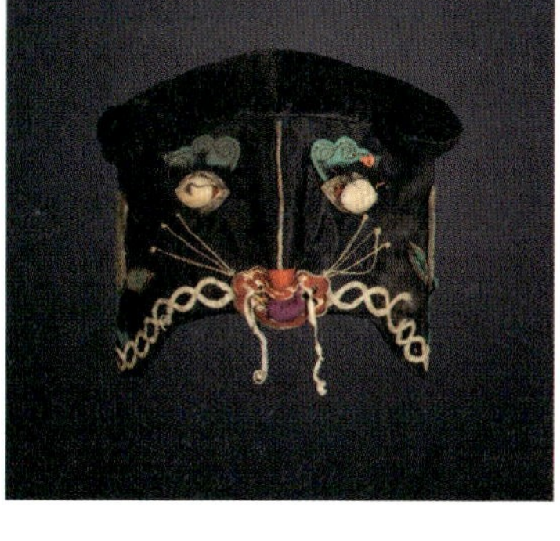

2 橙缎地堆绫贴布绣虎头碗帽

这顶虎头碗帽是一顶传统儿童碗帽。其设计风格采用了虎头形象，整体造型充满童趣与威猛感，兼具装饰性与象征性。这顶碗帽的结构包括帽顶、帽耳、帽身、尾巴四部分，帽耳竖立并贴合帽身两侧，具有良好的保护和保暖功能。帽顶呈圆形，紧贴儿童头部，确保佩戴的稳固性与舒适性。工艺方面，这顶碗帽采用了堆绫和贴布绣的传统技法，在眼睛与接缝处使用了织金绣，打造出立体生动的虎头形象。帽子以橙缎地作为底色，虎头的眉毛、眼睛、鼻子等五官通过贴布绣缝制，眼睛部分运用了蓝色和金色的绣线勾勒眼部轮廓，立体感强烈，突出虎的威严与力量。鼻子使用了红色布料，配合堆绫技法，显得更加突出，而虎嘴则通过红色和粉色布料的贴布绣加盘金绣的勾边，呈现出张开的形态，表现出虎头的凶猛。在帽身两侧的花卉图案为剪纸绣技法，黑色虎纹为拉锁绣。虎头的尾巴部分延伸自帽身后方，采用与帽身一致的橙色缎面，并绣有黑色虎纹，尾巴的曲线设计增强了帽子的动感和完整性。帽檐的边缘采用蓝色刺绣装饰，增加了帽子的层次感和精致感。每个细节都通过精湛的刺绣工艺呈现，体现了传统手工艺的细腻与美感。配色上，帽子以橙色为主调，黑色的虎纹与红色的嘴巴形成了强烈的视觉对比，增添了帽子的趣味性与生动性。蓝色刺绣装饰与织金绣缝边则进一步丰富了色彩层次，使帽子的设计更加和谐。材质方面，帽子的外层采用丝绸缎地，光泽柔和且手感细腻，内衬为柔软的棉质材料，确保儿童佩戴时的舒适度和保暖性能，赋予帽子装饰性与实用性的双重价值，适合春秋季节的户外活动。

这顶橙缎地堆绫贴布绣虎头碗帽通过虎头的立体设计和精湛的刺绣工艺，展现了传统童帽中驱邪避灾、祈福护佑的文化内涵。虎头象征着力量与勇气，明亮的配色则传递出活力与童真。这款虎头碗帽不仅能保护儿童免受凉风侵袭，还承载了丰富的传统文化和美好祝愿。

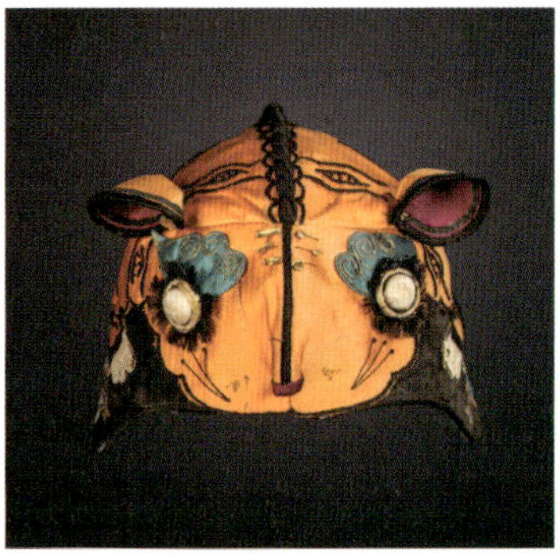

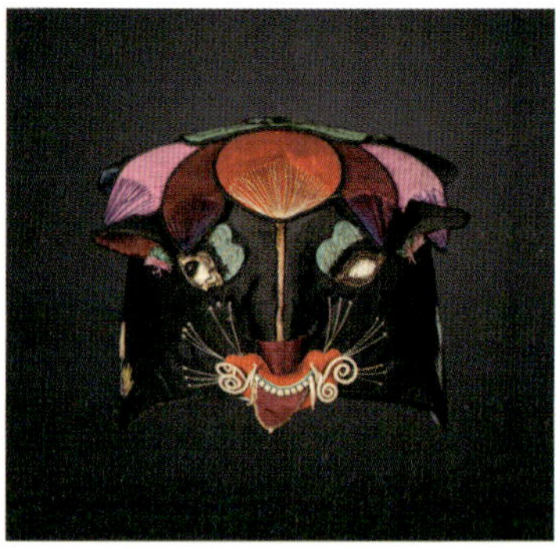

3

黑缎地堆锦贴布绣蝴蝶虎头碗帽

这顶童帽属于碗帽类型，适合春秋季佩戴。该碗帽为上下式结构的单体碗帽，其结构包括帽顶、帽身、帽耳三个部分，上下式结构，即帽身与帽顶分别剪裁后再进行缝合，帽耳较短，帽顶可覆盖额头。织绣技法方面，帽额及帽顶施用多种工艺技法塑造虎头形象：老虎轮廓采用钉线绣；虎牙部分使用锁绣；老虎的眼睛和眉毛使用浮雕拔工艺，即在纸板上铺垫一定厚度的棉花后固定形状，再用布料进行包拔，最后施以精美的刺绣进行装饰；耳尖、胡须处用流苏装饰；虎耳处蝴蝶采用戗针绣，栩栩如生。该虎头造型较为立体，尤其是眉眼和鼻子部分，通过立体化的造型手法，提升视觉冲击力。虎头塑造较为饱满，五官平展摆放，粗眉圆眼，具有憨态童趣。耳朵上刺绣蝴蝶，耳周和虎头周围有细碎流苏，后排缀有黑色长流苏和虎尾，使帽子更显灵动飘逸。配色方面帽身主体为黑色，眉眼、嘴巴部分采用了金色，与主体黑色形成了鲜明的对比。织边和流苏为蓝色，在视觉呈现上更具层次感。材质上采用多种传统织物，主体为黑色绸缎，面料柔软，光泽感较强，既美观又舒适。

虎头帽属于传统兽头童帽中极具特色的一类品种。在中国传统文化里，虎象征着强大的力量与无畏的勇气。人们认为虎能够驱邪避灾，守护平安。而“兽”与“寿”读音相同，所以虎头帽也蕴含着人们对长寿的美好期盼，寄托着长辈们的关爱与期许。

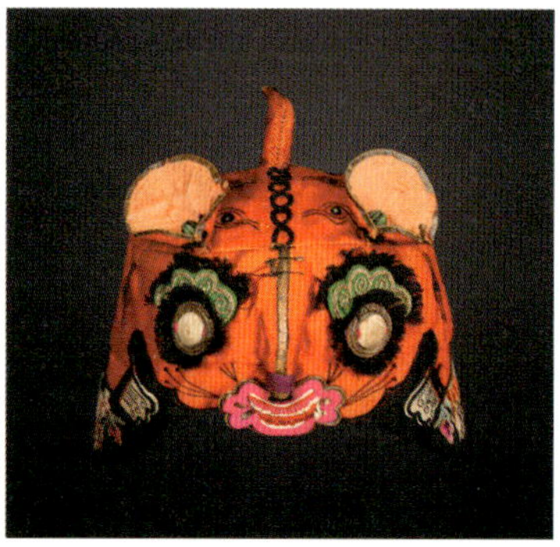

4

黑缎地贴布绣花鸟蝴蝶纹

虎头碗帽

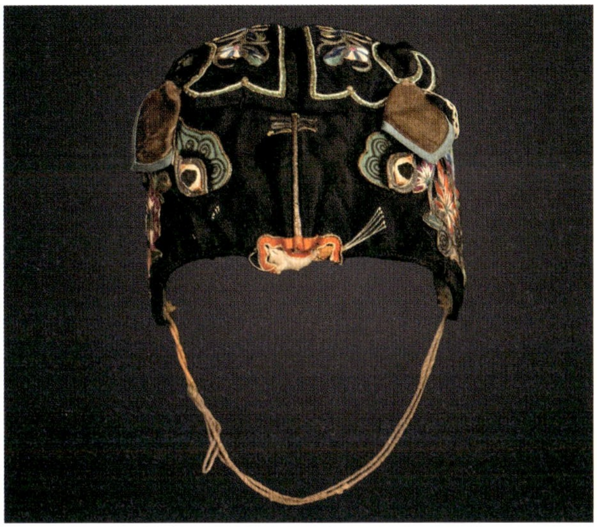

这顶虎头帽属于碗帽类型，适合春秋季佩戴。其结构包括帽顶、帽身、帽耳三个部分。帽顶可覆盖额头。整体造型中心对称，帽顶与帽身上下缝合，各部分以中线为轴缝合。织绣技法方面，帽额及帽顶运用剪纸绣和平绣的针法缝缀出虎的眉眼、下奋的虎耳，最为显实的便是以彩缎贴布绣缝缀装饰出虎的嘴巴，并将线缝制的胡须装饰在嘴巴的左右两侧，多种工艺技法的结合使其虎头造型的呈现更为立体。配色方面，帽身主体为黑色，虎头的眼和嘴部分别采用了绿色与红色，帽耳、帽顶色彩丰富，运用蓝色、橙色、绿色、玫红色、棕色等色调，高饱和的色彩与帽身的黑色形成了鲜明的对比，并与帽身背后的红色绣片形成呼应，冷暖色调的结合，加强了色彩的视觉冲击，赋予了童帽层次感。该碗帽纹样丰富且精致繁复，帽耳处绣有花鸟纹，帽顶与帽身背后则绣有蝶恋花纹样，花儿娇艳盛开，蝴蝶翩翩起舞，花鸟纹与蝴蝶纹的点缀，与虎头造型相搭配，华丽又不失童趣，体现了富贵纳福、吉祥幸福的美好愿景。材质上为黑色绸缎，外层有黑色、红色的绸缎绣片拼接，佩戴舒适且装饰精美。

此顶虎头碗帽为传统兽头童帽的一类品种。在民间，人们认为老虎是具有灵性的神兽，便赋予了虎祛除灾难、庇护儿童、保佑平安的美好寓意。虎头的造型融入童帽中，不仅装饰了儿童的日常穿着，更承载了长辈们对后代无尽的关爱与殷切期望，是对子孙健康成长、幸福安康的美好祈愿的具体展现。

5 黑缎地贴布绣流苏狮头碗帽

这顶狮头帽属于碗帽类型，结构包括帽顶、帽耳、帽身三个部分。帽子的整体造型中心对称，帽顶与帽身上下缝合，各部分以中线为轴缝合，帽顶正中有黑色缎扎成的尾巴造型，并延伸至帽身背面由棉花填充形成向上翘起的立体尾部造型。织绣技法方面：使用各种绣技塑造出狮子的五官，轮廓采用钉线绣，狮牙部分使用锁绣，眼睛采用了剪纸绣工艺，达到狮目炯炯有神的效果，耳尖、胡须处用流苏装饰；狮身运用盘金绣装点出狮子卷纹，进一步增强了狮头的威严和生动。配色方面：帽身主体为黑色；狮头的眼部运用了绿色和粉色，与帽顶的牡丹纹样相呼应，舌采用了红色，流苏运用浅粉色，冷色调以小面积的点缀形式出现，并没有破坏主体暖色调呈现的温暖、喜庆的视觉氛围；整体色调和谐统一，不仅变化多样又富有层次感，且突出了纹饰主体，呈现生动活泼、栩栩如生的效果。材质上，帽子的主体采用黑色绸缎，富有光泽感，兼具美观与舒适。这顶狮头帽纹样独具特色，除了金色的狮子卷纹外，在帽顶还绣有牡丹纹，牡丹为花中之王，象征着富贵祥瑞。戴上威武的狮头帽，茁壮成长，帽里贮满了平安幸福的期盼。狮头帽的象征功能在于对孩子的祝福，保佑儿童健康成长。

6

黑缎地贴布绣堆锦花卉几何纹狮头碗帽

这顶狮头帽属于碗帽类型，适合春秋季佩戴。其结构包括帽顶、帽身两个部分。帽顶可覆盖额头。该碗帽以宽带形黑缎左右两边连接处缝合成帽圈，帽顶应用贴布绣的方式由多块绿色缎连缀出狮子的造型，且有绿色缎条扎成的尾巴造型镶嵌在帽顶正中。织绣技法方面，帽额及帽顶施用多种工艺技法塑造狮子形象：狮子及五官结合钉线绣与贴布绣的工艺；绿色缎面上花卉纹样则运用盘金绣的技法，金线盘绕，多种针法混合使用，使童帽的纹样看起来更加繁复与精美。该狮头造型较为立体，尤其在眼、鼻、舌、尾部分以及有流苏装饰的胡须上。整体造型狮面笑口微张、狮舌微吐、眼睛凸出；通过立体造型的方式，赋予狮头夸张怪诞且生动活泼的形象。配色方面，帽身主体为绿色，狮头的鼻和舌部分别采用了金黄色与红色，鲜艳的暖色调不仅与绿色形成了鲜明的对比，并与绿色缎上的盘金绣形成呼应，冷色调与暖色调的结合，给人明快绚丽、浓郁热情的感觉，整体色彩活力奔放而统一和谐。材质上采用多种传统织物，外层为绿色绸缎，花卉纹盘金，里层为黑色绸缎，佩戴舒适。低饱和度的蓝色与粉色织边镶在帽圈底部，花卉纹与几何纹的点缀，与狮头造型相搭配，细腻精致。

此顶狮头碗帽为传统兽头童帽的一类品种。狮子是智慧与力量的象征，有吉祥、平安繁荣、生生不息的深刻寓意，人们希望狮子能够保护幼儿免受灾害。结合帽身的花卉纹与几何纹，这顶狮头帽不仅展现了中国传统服饰中的审美情趣，亦凝聚了长辈们对孩童无限的关爱和美好的愿景，期盼孩童能拥有一生富贵荣华与美好未来。

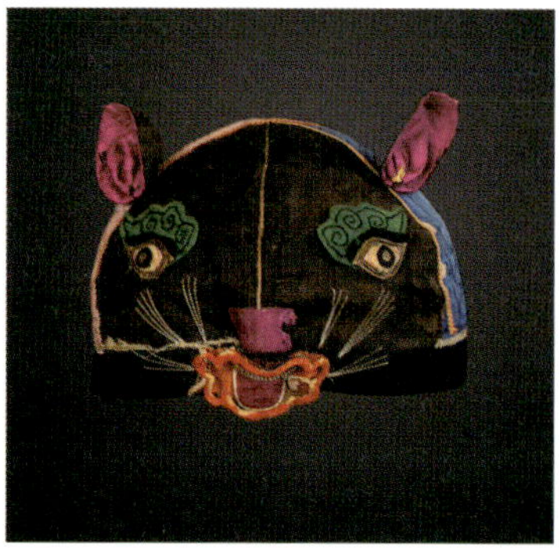

7 绿缎地贴布绣莲花狮头碗帽

这顶童帽属于碗帽类型，适合春秋季佩戴。其结构包括帽顶、帽身两部分，帽顶可覆盖额头。该碗帽为左右对称的两片式单体童帽，碗帽整体分为左右两部分，沿中线缝合。织绣技法方面，帽额及帽顶施用多种工艺技法塑造狮子形象。狮子轮廓采用钉线绣，狮子主体运用贴布绣，帽顶莲花为平绣，狮子的爪子则是戗针绣，形成细腻的渐变效果。该狮子造型较为立体，尤其是鼻子部分，通过立体化的造型手法，提升视觉冲击力。狮子整体五官塑造较为饱满圆润，五官平展摆放，眼睛略微向下倾斜，具憨态童趣。配色方面，帽身主体为绿色，狮子的鼻子和嘴巴则是红色，周围有黄色流苏，色彩对比强烈，给人带来一种视觉上的冲击力，迅速吸引观者的注意力。材质上采用多种传统织物，外层为绿色绸缎，内层为棕色绸缎，质地柔软，触感细腻，在佩戴过程中能够提供舒适的体验。狮子贴布周围有黄色流苏装饰。莲花刺绣细腻精致，栩栩如生，周围彩带环绕，给人宁静优雅之感。

狮子帽为传统兽头童帽的一类品种。狮子在传统文化中被视为权威与力量的象征，以示守护和吉祥。莲花纯洁优雅，象征着高洁的品格和坚强的意志。这顶狮子帽不仅仅是一件普通的装饰品，还蕴含着长辈对孩子们深深的关爱之情，表达了长辈对孩童强烈的庇护之心，同时期望孩子品行高洁、意志坚定。这顶小小的童帽，承载着长辈们对孩子们未来的无限期许和深厚的情感。

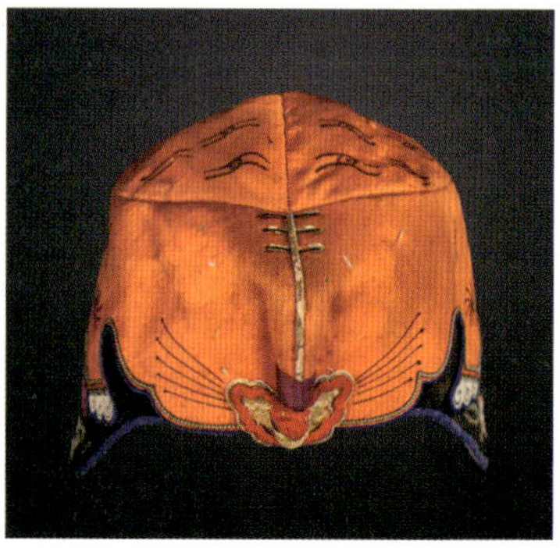

8 黑缎地贴布绣花卉纹蟾蜍碗帽

此童帽形制为碗帽类型，多在春秋季佩戴。其结构包括帽身、帽顶两个部分。整体童帽造型分为左右两部分，沿中线缝合。织绣技法方面，帽顶采用贴布绣，帽顶前方绣出一个憨态可掬的四足三爪蟾蜍，背部以打籽绣技法绣出斑点，后方使用绿色盘金绣勾勒出牡丹纹样。帽顶之下连缀以窄边和宽边绦子边。宽边绦子边织有莲花纹样，花瓣层次分明，周围点缀有一些叶子。这顶碗帽集盘金绣、贴布绣、打籽绣等多种绣技于一身。配色方面，帽子整体以黑色、蓝绿色和粉红色为主。明亮的蓝绿色和粉色相呼应，黑色则中和了两者之间的强烈对比。高纯度色相对比、强烈补色的色彩配搭方式，形成了各色彩之间的明暗对比，加强了色彩的视觉冲击效果，给人一种冷暖互补、明快绚丽、浓郁热情的感觉，凸显活力奔放、热烈纯粹的风格特点。三种主要配色大约各占帽身的三分之一，十分协调喜庆，体现出中国传统配色的美学价值和吸引力。

此顶碗帽属于童帽中的精品，充分展现了中国传统儿童服饰的艺术魅力和文化内涵。牡丹其花大而美，其香浓郁，其色艳丽，其姿雍容华贵，富丽堂皇，被称为“富贵花”“花中王”“人间第一香”“百两金”。这是花卉纹中最具特征、变化最多的装饰纹样之一。金蟾在我国传统文化中一直是富贵、财富的代表；其寿命也相对比较长，又被看作是长寿、健康的象征。蟾蜍传达了老百姓对孩童富贵安泰、前程锦绣、健康长寿的美好期望。

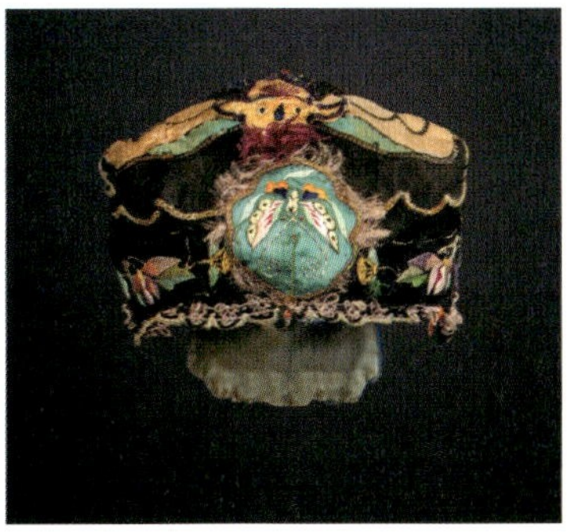

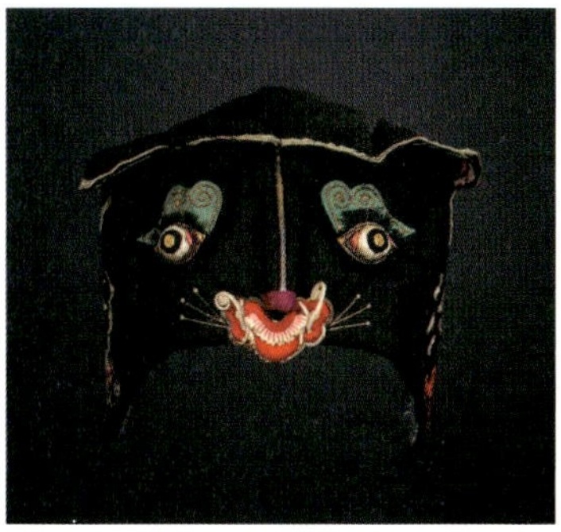

9 黑缎地堆锦贴布绣蝙蝠顶兔子碗帽

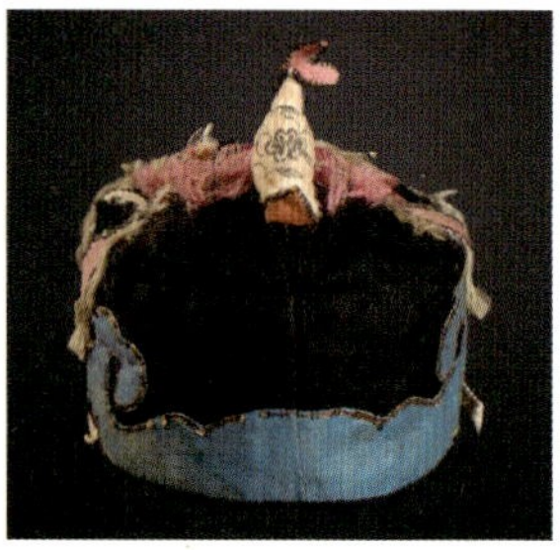

这顶帽饰属于碗帽类型，其结构包括帽顶、帽身和帽冠三个部分，造型上，帽顶为蝙蝠展翅飞翔的形态，帽冠部分为兔子的立体形态。织绣技法方面，帽顶蝙蝠的头部采用堆锦工艺塑造出立体效果，再以布片搭配平针绣模拟眉毛的走向，分别采用粉色和蓝色流苏装饰蝙蝠的嘴部和头部，塑造蝙蝠夸张的面部表情。蝙蝠翅膀呈展开形态趴在帽顶，以包梗绣绘制卷纹来装饰翅膀，丰富了视觉效果。翅膀周边同样运用了大量白色流苏装饰，达到了童帽俏皮可爱的效果。蝙蝠尾巴以蓝色面料为底，采用深浅的丝线搭配平针绣技法，打造渐变效果，最后搭配上粉色流苏装饰。帽冠由堆锦工艺制成的兔子组成，呈现蹲坐形态，背后绘有花卉纹样，憨态可掬，增添童趣。帽身背后围有半圈如意纹装饰，呈对称形式，搭配包梗绣缘边。配色方面，以俏皮的粉色与沉稳的黑色为主，加白色和蓝色点缀，营造出俏皮可爱的视觉效果，整体色彩丰富且对比鲜明。

这顶碗帽不仅展现了精湛的工艺，也承载了丰富的文化寓意。在中国传统文化中蝙蝠因与“福”谐音，寓意福运满满。而兔子自古以来象征着聪慧与机灵，常被视为吉祥之物，寓意着多子与长寿。帽饰上的这两种动物形象通过立体堆锦工艺和精巧的织绣技法得到了生动的展现，集趣味性与象征意义于一体，充分体现了传统童帽在装饰与祝福功能上的双重价值。丰富的色彩搭配与精湛的工艺让这顶碗帽在实用功能与展现传统文化中取得了完美平衡。

10 棕缎地贴布绣『刘海戏金蟾』蟾蜍碗帽

此童帽形制为碗帽类型，多在春秋季佩戴。其结构包括帽身、帽顶和顶饰三部分。织绣技法方面，整体碗帽采用多种传统工艺技法塑造，十分精美。帽顶采用贴布绣工艺，分别裁剪出蟾蜍的五官和身体，采用各种刺绣手法进行加工，最后使用锁边绣缝合、粘贴于帽上。剪贴绣将剪纸艺术、刺绣艺术、拼贴工艺等综合运用于一体，呈现出浓烈的民间艺术特征。蟾蜍的背部采用粉色缎面，上面绣有花卉和枝条纹样。帽身底部边缘处采用包边工艺，耐磨损且增加美观度。帽子底部连缀以窄边和宽边帽圈塑造成型，分别采用回针技法绣制了六瓣花卉纹样和回字纹。帽顶采用堆绫工艺绣制了一个红皮肤、黄衣服的小人，可由此联想到中国传统民间传说故事“刘海戏金蟾”。配色方面，帽子整体以蓝绿色、棕色为主，浅绿色、粉色、紫色、黄色和红色作为点缀。蓝绿色被视为一种神秘和富有内涵的颜色，代表尊贵之色。棕色作为深色，给帽子整体带来宁静和稳重的感觉。红色比较鲜艳，增强了喜庆的氛围。帽子整体的色彩搭配十分协调，体现了中国古代民间传统配色的美学价值。

此童帽制作工艺精美，属于中国传统民间童帽的精品。古代服饰表现着追求“功名利禄”的思想情节，这也大量体现在童帽的装饰元素中。“刘海戏金蟾”象征财源兴旺、幸福美好，有吸财、镇宅、辟邪的寓意，体现了人们对美好生活的向往、对财富和幸福的追求，运用到童帽上也体现了长辈对孩童的宠爱和美好祝愿。

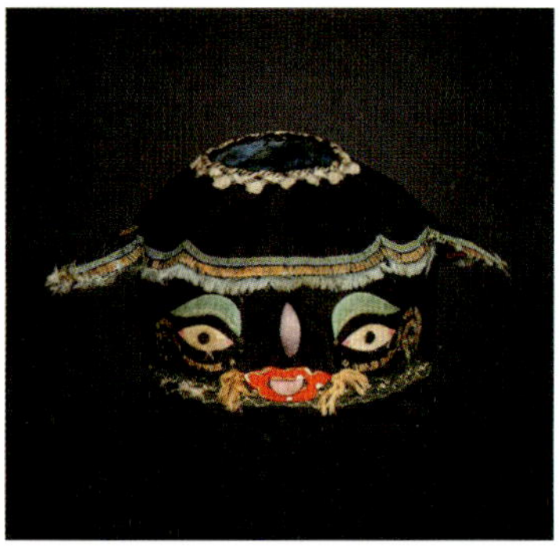

11 黑蓝缎地堆锦盘金绣蝴蝶麒麟碗帽

这顶麒麟帽属碗帽类型，适合春秋佩戴。其结构包括帽顶、帽身和帽尾三部分，帽身左右两片在前后中线处缝合。织绣技法方面，极多运用钉线绣，在麒麟身体、五官等处均用该种工艺，这种绣法在缎面缘边起到加固与装饰的作用。同时，麒麟身体、尾巴以及麒麟面的胡须均用双盘金绣装饰，即用两根金线并在一起盘成纹样，并用丝线横向钉绣加固，麒麟身体处也运用这种绣法表现出麒麟身体上的龙鳞。除此之外，帽子边缘有蓝色的绦子边，即带有几何与花卉纹样的窄条锦缎面料，并与黑色的绲边搭配使用，紧挨着绲边进行装饰。麒麟耳则用平绣装饰着象征福气、长寿与美好的蝴蝶纹。该顶麒麟帽造型运用适宜、写实、立体的塑造手法，使用堆锦形成立体效果，其眼睛、眉毛、鼻子、胡须、尾巴、背脊等处填充棉絮或香料，并运用这种立体造型适宜地堆砌出象形的麒麟形象。麒麟脸及尾巴等处的毛絮更增强了这种写实风格。麒麟身体则运用贴布绣覆盖于帽身。该帽多运用蓝、黑色缎料。配色上运用了对比色搭配原理，麒麟面以蓝、红、绿为主色，巧妙运用对比色（蓝与红）与点缀色（绿），营造出活泼鲜明的视觉效果。金色作为强调色，麒麟身体与尾巴处辅以金色，提升视觉焦点，色彩间隔与平衡处理得当。该帽色彩明度高，纯度适中，既明亮又不过于刺眼，符合儿童活泼好动的天性。

麒麟在中国神话故事中有着吉祥、幸福、长寿的美好寓意。麒麟帽不仅是一顶实用的儿童帽，更是饱含着父母“天上麒麟子，人间状元郎”的期盼，希望孩子在未来有光明前景，能成就一番事业。

12 红黑缎地刺绣花卉纹凤头莲花碗帽

这顶帽饰属于碗帽类型，其结构包括帽顶、帽身和帽冠三个部分。此帽整体造型极具特色，从结构上，帽额为五瓣莲花花瓣形态，帽冠部分仿照了凤鸟的头部，有立体的喙，展翅欲飞，显得神态庄重又不失活泼。从材质与工艺上看，此帽主体采用了丝绸、缎面等材质，呈现出光滑细腻的质感，并确保佩戴的舒适性。这顶帽子刺绣工艺精湛，采用了多种色线与技法，显现出丰富的色彩层次，如凤尾部位采用了多段立体的羽毛造型，再如运用了大量红色和蓝色线绣，增加了视觉上的层次感和动感。此外，帽额前莲花花瓣上绣有莲花、莲花童子，两侧和底部边缘还装饰有祥云纹样。配色方面，主色调为红、黑，红色象征着喜庆与旺盛的生命力，黑色则象征着稳重与权威。侧面底部缘边变体“回”字纹与六瓣花呈二次方交替排列，与帽身色彩之间相互呼应，起到调和的作用。帽子下方还悬挂着几缕细细的彩线流苏，流苏的色彩和整体帽子的色调相互呼应，赋予了这顶帽子更多的活力和动感。

此帽造型匀称，做工考究，外观上精致大气，实用性强，不仅是工艺美术的精品，还是传统文化和象征意义的载体。凤鸟象征着富贵吉祥，花卉象征着生命的繁荣与和谐，而祥云则代表着吉祥和好运。这顶帽子每一处细节的设计都体现了工匠的匠心独运和对美的追求，赋予了其独特的历史和文化价值。

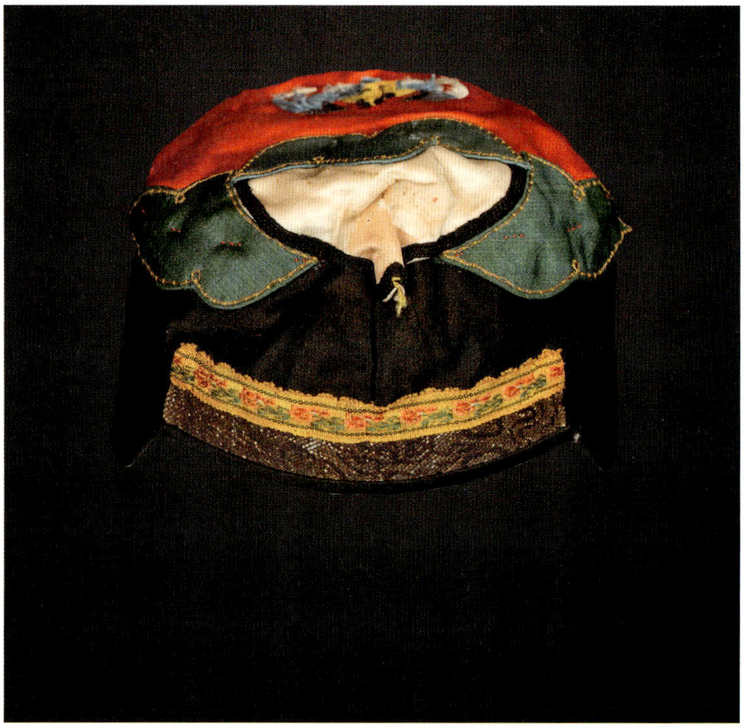

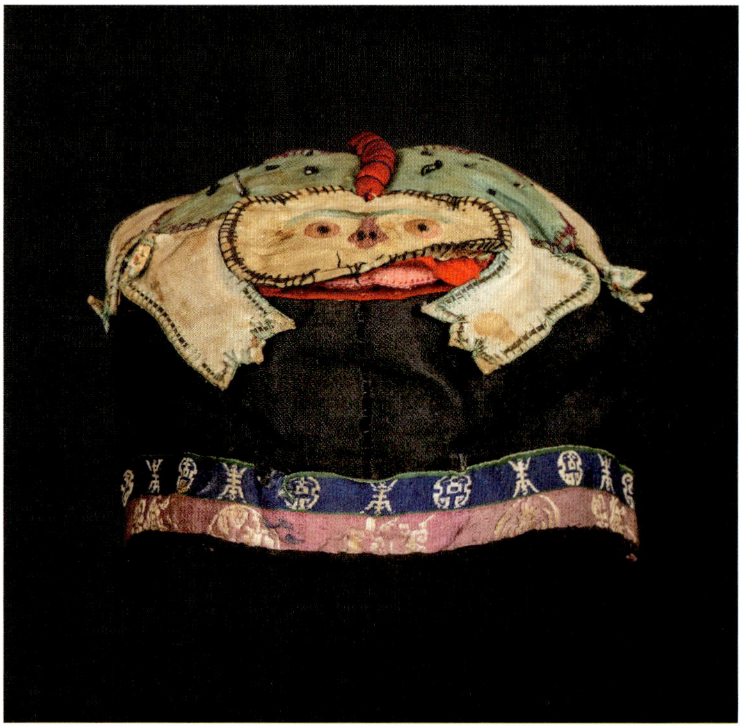

13 黑缎地堆锦蝙蝠纹鼠头碗帽

这顶童帽属于碗帽类型，适合春秋季节佩戴。其结构包括帽顶、帽身、帽耳三个部分。该碗帽帽身为左右两片，通过前中缝合线、后中缝合线、顶面缝合线三条线的缝合而形成外观造型。织绣技法方面，帽身边缘有黑色绲边装饰，紧挨着绲边装饰还有绦子边修饰，其上有呈二次方交替排列的变体蝙蝠纹和花卉纹样。帽顶用各种绣法构成一个鼠头的形状。鼠头面部轮廓处用包梗绣以及金帛装饰，老鼠眼部用堆锦工艺塑造立体效果，面部花纹用盘金绣工艺勾勒。老鼠嘴里含有一个布球。老鼠面部以外的毛发用蓝色短流苏表示。配色方面，帽身主体颜色为黑色，其中绦子边为粉色，其上图案颜色以绿色、黄色为主。帽顶主体颜色为黑色，其上纹样用金色、粉色点缀，帽子两边的流苏用蓝色。整体帽子的色彩搭配沉稳又饱含创意。材质上采用了传统的绸缎，质地柔软细腻有光泽。

这款儿童帽的设计别具匠心，细节中体现了对传统文化的崇敬与传承精神。老鼠常被视为机智灵活与繁衍昌盛的象征，能够避开生活中的小困扰，守护孩童健康快乐地成长。民间偶有孩童佩戴老鼠帽、视老鼠为保护神的习俗。这样的设计不仅富有童趣，也寄托了家长对孩子未来的美好祝愿。这顶不仅实用，还承载着文化传承与美好祝愿的童帽，堪称一件艺术珍品。

14 黑缎地盘金绣蝙蝠碗帽

此童帽形制为碗帽，多在春秋季佩戴。其结构包括帽顶、帽身两部分，帽身分为左右相对称的两片式，沿中线缝合。帽顶装饰出的花耳采用蓝色布包边。帽圈边缘处缝着黑色绸缎绲边，增强了帽子的舒适性。绲边上方紧挨着一条绦子边，绦子边上变体“回”字纹与蝙蝠纹样呈二次方交替排列。绦子边上方缝缀着一条较细的波浪形织带。帽子前方装饰着几根不同颜色的彩色绳子，并用布条收紧，类似吉祥八宝图腾中的法螺。织绣技法方面，碗帽上方和后方均采用盘金绣绣法，绣制了蝙蝠和如意纹样，十分生动形象。色彩方面，帽子以黑色为主色，蓝色、金色和粉紫色为辅助色，黑色给人庄重严肃的感觉，金色则显华丽活泼，配色简单和谐，适合日常佩戴。

这顶童帽简洁大方，值得一提的是绣制的蝙蝠纹样在中国传统装饰艺术中被当作幸福的象征，习俗中运用“蝠”“福”字的谐音，并将蝙蝠的飞临，赋予“进福”的寓意，希望幸福会像蝙蝠那样自天而降。帽子前面的法螺装饰象征着声震四方、功成名就、吉祥圆满。总的来说，这顶童帽寄托着百姓对孩童的关心和祝福，体现着中国古代织绣工艺的精巧和审美价值。

15 蓝缎地三瓣三蓝绣如意云纹兽耳碗帽

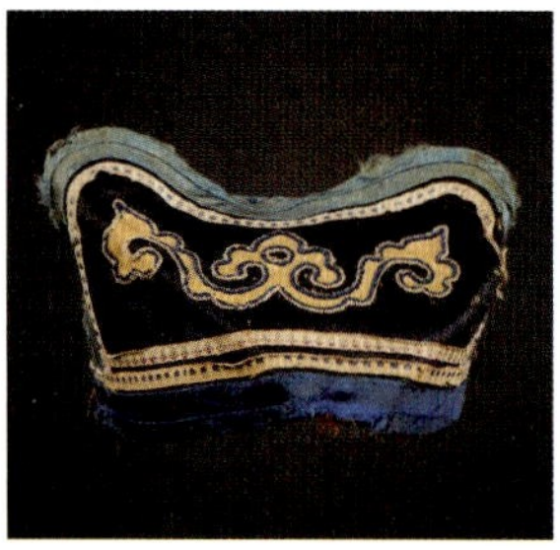

此童帽形制归于碗帽一类。此碗帽极具设计感，造型独特，采用碗帽的形制，但后半部分去掉三瓣布片改以兽耳形状，虽然形态简单但是对工艺水平要求很高，每一处布片都裁剪得十分精美，刺绣更是小巧玲珑。就织绣技艺而言，在帽顶三瓣的部分皆以彩线平绣兰花，花茎部分以锁绣绣制，中间一瓣还使用了三蓝绣的工艺。在三瓣侧边都有四瓣小花织带，帽顶后方的部分下方也有两条小花织带，在帽圈部分也有蓝色圆点织带。帽顶后方以锁绣绣出如意云纹形状。整体绣法以锁绣和平绣为主，织带上的图案也多以小型几何图形与抽象花朵为主。色彩搭配上以蓝色为主色，配合黄、橙两种蓝色的互补色，高纯度的蓝橙搭配通常会刺眼且不协调，但这顶帽子的制作者巧妙地使用了明度较低的浅蓝色为主色调，搭配的米黄色也十分温和，再在中间点缀亮橙色，提亮整顶帽子的色彩，帽顶的兽耳部分里布用橙红色，既不抢夺主体色调，又呼应了帽顶正前方的黄与橙。此帽的蓝色也使用得极具智慧，帽圈使用明度较高、亮度较低的宝蓝色，强调了蓝色的主色调，与高明度的橙色相互制衡，帽顶后方又用深蓝色来与浅蓝、宝蓝组成了一个丰富的蓝色色系，这三个蓝色搭配得相得益彰。在细节部分也有色彩的不断呼应，在帽顶前方的三瓣之一用三蓝绣与橙色进行碰撞，反而十分和谐。帽顶后方以深蓝色做底色，再以浅黄色做出如意云纹，既突出了纹样又保持了蓝色的主色调。

此帽的意象设计十分有趣，前方的兰花刺绣代表了亲人对孩童心性高洁如君子一般的冀望，后方的如意云纹更是在传统文化中代表着吉祥如意的美好愿望，帽顶的兽耳部分还有一圈毛边使得帽子更加可爱。此帽的色彩、造型和意象选取都十分精巧有趣，富含着亲人对孩童无限的美好祝愿，更是体现了我国童帽的制作水平之高超、设计思想之巧妙。

16

黑缎地平绣花卉纹『童子坐莲』碗帽

此童帽形制为碗帽类型，多在春秋季佩戴。其结构包括帽顶、帽身、帽冠三个部分。织绣技法方面，使用多彩绣线集包梗绣、贴布绣、平针绣等多种绣技于一身。帽额处用平绣技法塑造出牡丹、蝴蝶、四瓣花及绿叶的纹样。帽顶前方采用五瓣莲顶样式，后方为如意云纹样式，上面绣有莲花纹样。帽顶上方则有一个立体的莲蓬造型装饰，莲叶外部轮廓与内部叶脉运用盘金绣勾勒。莲蓬下坐着一个小人，即为“童子坐莲”。莲花童子在佛教中也是常见的形象，有着吉祥美好、连年有余、福禄双全等寓意。顶饰上，正面运用平绣绣出鸟、四瓣花、绿叶的纹样造型，花瓣层次分明，背面则绣有象征吉祥长寿的桃子纹样与象征吉祥富贵的牡丹纹样。帽身后坠有浅紫色细带，与帽身底色相映。配色方面，帽子整体以黑色、粉红色和绿色为主，蓝色、金色作为点缀。黑色作为主要色调，象征着高雅、权威、尊贵，与鲜艳的粉红色花朵形成对比，增强了视觉冲击力，粉红色花朵与绿色叶子交相呼应。金色的刺绣线装饰为帽子增添了一份华贵感。整体色彩搭配鲜明而和谐，体现出传统服饰的色彩美学。

牡丹纹象征着华贵以及身份，寓意孩童将拥有一生的荣华富贵。莲花在春秋战国时期就已经被广泛用于织物纹样，多象征吉祥、净土、洁净自爱。随着历史的发展，莲花在民间的使用逐渐转向另外一种含义，即繁衍。老百姓将莲花视为快生多产的吉物，赋予其美好寓意，传达对孩童最朴素和真挚的祝愿。“童子坐莲”中童子即表示孩童，莲取谐音连。因而，童帽帽顶以堆锦绣或贴布绣制成的莲花造型之上盘坐一名童子作为帽顶装饰便蕴含连生贵子之意。

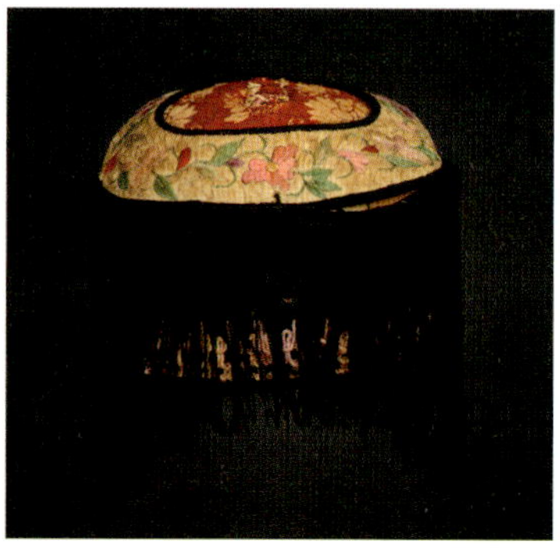

17 黑缎地贴布绣攒花流苏花卉纹碗帽

此童帽形制为碗帽类型，多为春秋季节佩戴。其结构包括帽顶、帽身、帽尾三个部分。织绣技法方面，帽额采用贴布绣，以盘金绣固定布，刺绣出精美的叶子纹样，纹样边缘采用“Y”形锁绣锁边；帽额中间以平绣针法绣出花朵纹样，并装饰流苏造型；帽额底边镶一条窄窄的花卉绦子边，中间刺绣连续的花卉纹样，以作帽檐装饰；帽顶以平绣针法绣制出大幅的百合花纹样，与中间帽额装饰的植物纹样交相辉映，蕴含着万事如意的吉祥寓意。此帽最具特色之处在于，帽身两边采用攒花工艺做出花朵造型，并垂坠着中国结，对称分布，和谐统一，两边佛手造型，采用贴布绣技法，寓意着吉祥幸福。配色方面，帽身主体为黑色，帽额部分装饰有绿色、橙色贴布，帽顶部分分别以绿、粉、黄、红、白五种彩线刺绣出花卉纹样，多样的色彩为沉稳的黑注入不少活力，营造童帽独有的明亮欢快氛围；帽身两边挂有鲜艳的红色中国结，寓意着美满团圆、万事如意。中国结的绳结之间互相缠绕着，宛若一条盘旋的龙，是中华民族的象征。“结”字可以引申为“吉”字，体现了人们对美好生活的追求和向往。材质上以最为常见的黑缎为地，富有光泽，柔软舒适，垂坠性好。

此顶碗帽作为古代儿童的时尚单品，刺绣精湛，配色和谐，尤其是其帽身两边的攒花装饰，为此顶童帽增添了独特的时尚魅力。此外，碗帽中的百合花纹与叶子纹样，流露出自然美与生命力。大叶谐音“大业”，寓意大业有成，传达着父母对子女的殷切期待；佛手纹样与“福寿”谐音，因此常被视为吉祥的象征，寓意福如东海、寿比南山。在传统文化中，佛手常与石榴、桃子等元素组合，形成三多纹饰，象征“多福、多子、多寿”，体现了人们对家族繁荣昌盛的美好期盼。

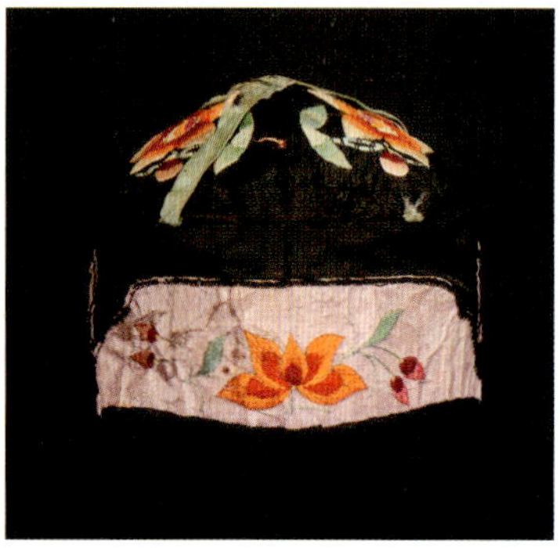

18

黑缎地刺绣花卉纹如意堆绫碗帽

此童帽形制为碗帽类型，适合春秋季佩戴。其结构包括帽顶、帽身、顶饰、边饰四个部分。帽身为左右对称的两片式，分为左右两个部分，沿中线缝合。织绣技法方面，整体碗帽采用多种工艺技法塑造，十分精美。帽身使用直针绣技法绣制花瓣，针脚细密，晕染自然。同时使用打籽绣技法在花心和花瓣周围点缀，层次丰富。使用滚针技法来表现枝条和叶片上的根茎，针针相缠、不漏针迹，展现出了植物枝条的质感。帽顶和帽身使用锁边绣连接，帽顶的莲叶、莲花和莲蓬使用贴布绣，莲蓬和莲叶结构使用双金绣技法，清晰自然。莲花瓣使用平绣、打籽绣的技法绣制出花卉与叶片纹样。顶饰使用立体如意造型，上面绣有花卉纹样，增强了童帽的趣味性。两侧的如意形边饰使用金色单金绣和平绣的技法，堆绫工艺增加了立体感和精致度。配色方面，帽子主体为黑色，顶饰和边饰为红色，另外还有少部分的白色、绿色、紫色、黄色作为点缀。整体配色十分喜庆和谐，体现了中国传统配色的魅力。

如意纹的造型独特优美，通常呈对称的心形结构，形状宛如灵芝、云朵或花朵，寓意称心如意、事事如意，象征着人们对美好生活的向往和期盼。此外，如意纹还承载着驱邪的含义，被广泛应用于各种装饰领域，深受人们的喜爱。此碗帽使用多种传统工艺技法制作，承载了长辈对孩童的喜爱和美好祝愿。

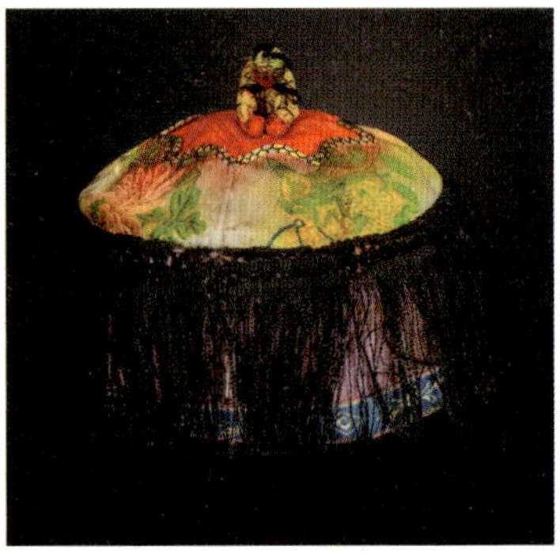

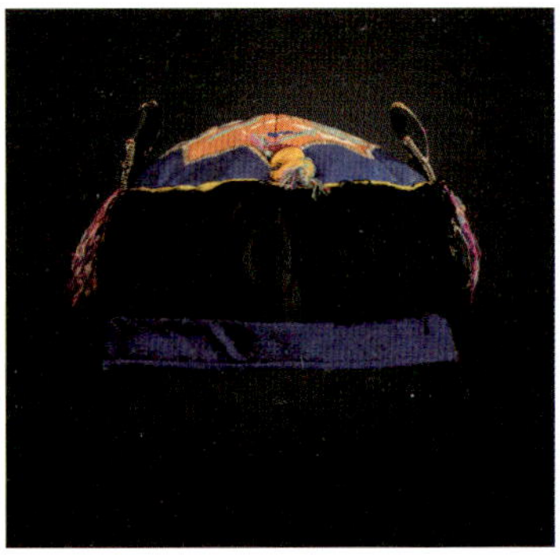

19

黑缎地贴布绣镶镜莲花碗帽

这顶莲花帽属于碗帽类型，适合春秋季佩戴。其结构包括帽顶、帽身、帽耳三个部分。帽耳较短，起到保护儿童耳朵的作用，帽顶可覆盖额头。该碗帽为上下式结构的单体碗帽，即帽身与帽顶分别剪裁后再进行缝合。织绣技法方面，帽额及帽顶施用多种工艺技法塑造莲花形象。莲花花瓣尖采用戗针法，由深入浅，丰富了纹样的层次感和肌理感。莲花与荷叶边缘使用锁绣。莲叶上的脉络采用双金绣来表现，帽顶花卉采用平针绣。莲花中心镂空运用镶镜工艺。帽檐采用包梗绣装饰。配色方面，帽身主体为黑色，莲花为米色与粉色渐变，荷叶则是绿色，增加了色彩丰富度。帽后的蓝色流苏给整体配色增加了一抹灵动的色彩，与帽子的主色调相互映衬，恰到好处地打破了单一色彩的沉闷。材质上采用多种传统织物，外层为黑色绸缎，莲花与荷叶采用米色、绿色绸缎，绸缎质感光滑，贴合肌肤。花瓣层叠，细腻的绸缎增添了莲花温婉的气质。

此款莲花碗帽为传统童帽的一种。莲花在中国传统文化中象征着纯洁与高尚。其亭亭玉立的姿态，出淤泥而不染的品质，一直以来都被人们赞颂。莲花在童帽上不仅仅是一种装饰，更是一种美好的寓意与祝福，代表着长辈对孩子纯净心灵的期许，希望孩子能在成长的过程中，始终保持着那份天真无邪与善良。这顶莲花碗帽，承载着传统文化的厚重与深沉，也寄托着父母对孩子深深的爱。

20

黑缎地平绣花卉纹流苏碗帽

这顶流苏帽属于碗帽类型，结构包括帽顶、帽身两个部分。帽子帽顶与帽身上下缝合，帽顶有蓝色帽圈拼接。织绣工艺上，拼接的帽圈以粉色绣线搭配以平绣绣制出海棠花及枝叶纹样，纹样在蓝色缎地的衬托下更显夺目，生动形象，素淡雅致。配色方面，帽身主体为黑色，帽顶采用了粉色，无彩色与有彩色的配合中增强了色彩的明暗对比，具有强烈的视觉效果，蓝色缎面的帽圈则与粉色为对比色进行搭配，整体视觉丰满，色彩分布富有变化，既有对比，又有调和，具有一定的节奏感和空间感。材质上，帽子的外层为黑色缎地，内里采用黑色缎，帽顶为粉色与蓝色缎，光泽秀丽、材质细腻的丝织物搭配刺绣，提升了童帽的装饰感和观赏性，在帽身装饰有流苏。此款碗帽的造型独具特色，帽顶的拼接搭配帽身的流苏，装饰简约但层次分明，增强童帽的装饰效果与美观度，使得童帽更显活泼灵动。

此款童帽巧妙融入了海棠花这一富含吉祥寓意的纹饰元素，海棠的“棠”与“堂”字音韵相谐，这使得海棠花在传统语境下常被视作“富贵花”的化身，寓意着荣华富贵与美好生活的愿景。此设计深刻地体现了长辈通过童帽这一载体，向孩童传达的深切祝福与美好祈愿，寄托了对未来生活的殷切期望。

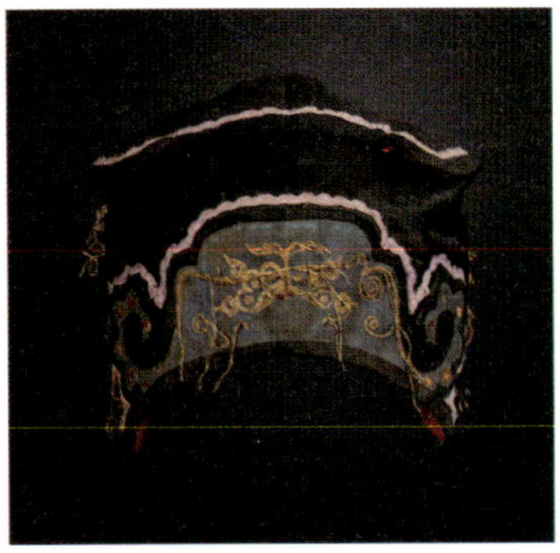

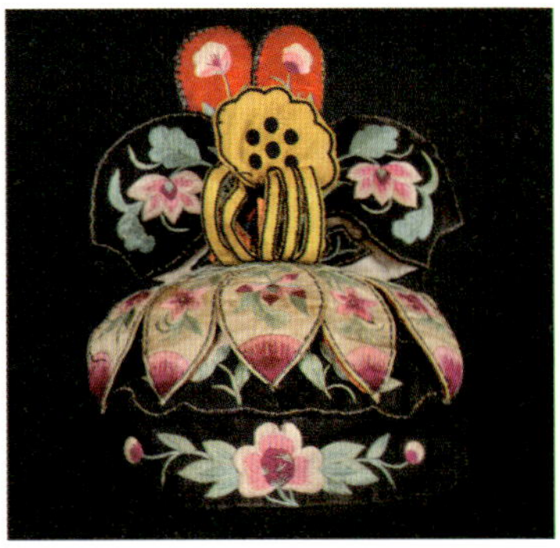

21 红缎地贴布绣牡丹纹流苏碗帽

此童帽形制为碗帽类型，多在春秋季佩戴。其结构包括帽身、帽顶两个部分。帽顶由六片贴布绣连缀而成，顶上一片四方形布片，前额处连接一片三角花瓣状的贴布绣，其余四边连接四片方形花瓣状的贴布绣，四片下面分别坠有橙、黄、红、绿四色的流苏，流苏上各有五颗珠子。织绣技法方面，帽顶之下连缀了宽边帽圈，上绣有单色的平针绣花卉纹样。帽顶采用平针绣绣出各色花卉及枝叶纹样，其中包括牡丹纹样、菊花纹样等。帽顶布片周围采用锁边绣、盘金绣等多种刺绣技法，十分精美。配色方面，帽子整体以红色为主，蓝色作为辅助，另外还有小范围的黄色、粉色、绿色、白色作为点缀。红色在中国文化中象征着喜庆和吉祥，作为童帽的主色彩给孩童增加了一种活力和能量。蓝色与鲜艳的红色形成对比，象征着宁静和稳重。该顶碗帽配色浓艳而不浓重，整体上以中国红展现于眼前，给人以喜庆祥和的观感。

帽子上的牡丹花纹样象征着典雅高贵和富贵吉祥，寓意希望孩童能够享受平安富足的生活。菊花纹样象征君子之风和高洁品质，主要寓意包括长寿、吉祥、多子多福。百姓基于自然界中各类植物花卉的形态基础，将植物花卉艺术处理后绣制于童帽上，体现老百姓自身的审美情趣及思想情感，不但有吉祥美好的寓意，也是造物者将自然的感知和生活经验转化为对健康的祈祷，传达着对孩童在成长过程中一帆风顺的美好祝愿。

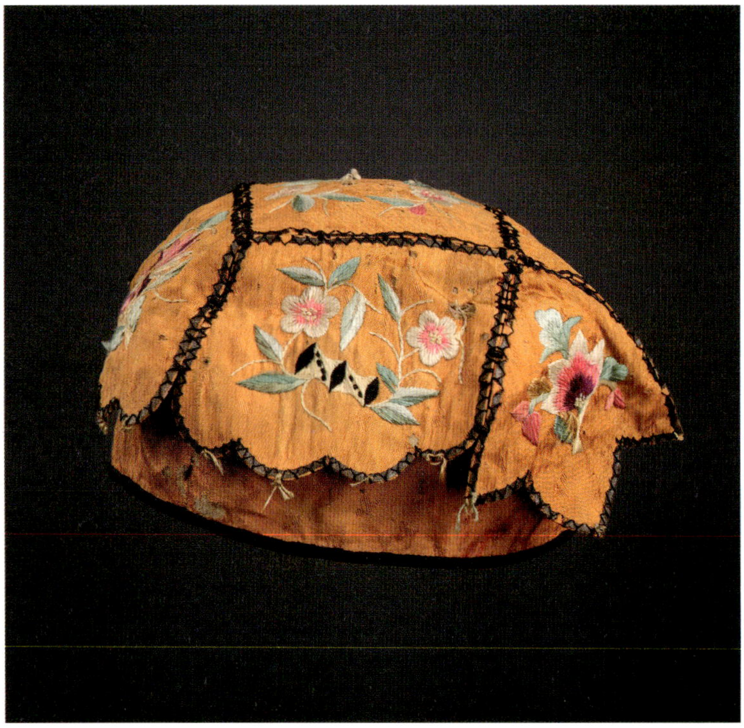

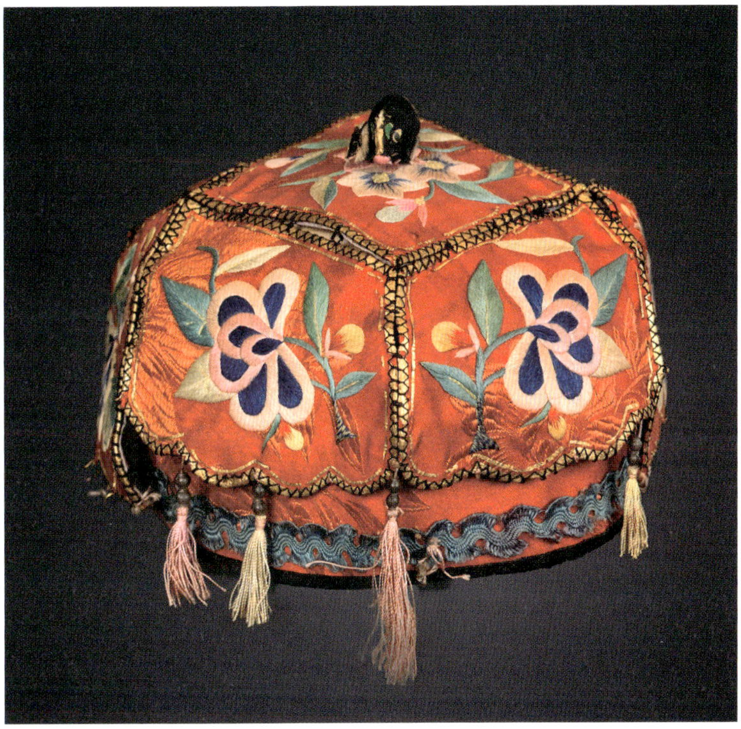

22 黑蓝缎地盘金平绣花卉纹『童子坐莲』碗帽

这顶童帽属于碗帽类型，适合春秋季节佩戴。其结构包括帽顶、帽身和帽冠三个部分。该碗帽帽身为缝合的一片式，帽顶为左右对称的六片式，即前后四片帽顶结构加上两侧两片三角形对称帽顶结构，都缝制在顶上方形缎布上。帽冠为童子坐莲顶，童子怀中抱兔，光脚坐于莲花上，莲花后缀流苏。织绣技法方面，帽冠运用塞棉的形式制作童子坐莲造型，莲花用平绣绣制双面，上用包梗绣装饰，塞棉后运用锁扣绣包边，固定在帽顶。前面用布塞棉扎好童子抱兔造型，童子身着黑衣黑帽，袖口和帽圈处均钉缝金色绦子边，手握扎好的金色流苏，童子和兔的五官用笔绘制，怀中兔侧脸笑眼，似与童子亲近和气。莲花后坠一粗一细两条流苏，流苏上串着木珠。帽顶为六片式结构，每片上各绣有姿态种类不一的花，运用打籽绣绣制花芯，花卉热烈盛放，花枝曲线优美，花苞点缀其间。帽片边缘各有黑色绲边，再用蓝绿色粗线连接。帽身运用盘金绣在前额处绣制蝴蝶、花朵和树叶，蜿蜒曲折，卷曲灵动，极具平面构成感。配色方面，帽子整体以黑色、蓝色、绿色和红色为主，青色点缀。帽冠莲花花瓣以红色粉色渐变绣制，青色莲叶包裹莲花底部，层叠渐变，后流苏一粉一青，与莲花相呼应。童子身着黑衣黑帽与帽顶相呼应，袖口和帽圈处钉缝金色绦子边与帽身盘金绣相呼应，使整体配色更和谐。帽顶以黑底绣制粉橙色渐变花卉，搭配绿色叶子，层次分明。帽身为蓝底金秀，简约奢华。整体色彩搭配和谐丰富，色彩鲜明。

此顶碗帽特点在于帽冠的童子坐莲造型，体现了中华传统童帽的造型内涵丰富。莲蓬多子，莲藕连生，因此有生殖繁衍的寓意。童子坐在莲花中心，象征子孙繁衍昌盛。童子怀中抱的兔也寓意多子多福、健康长寿。

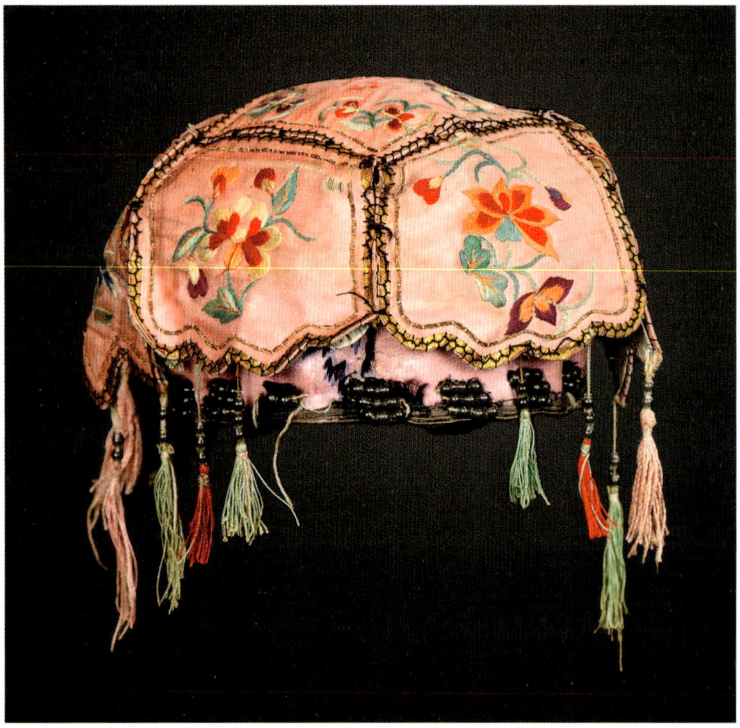

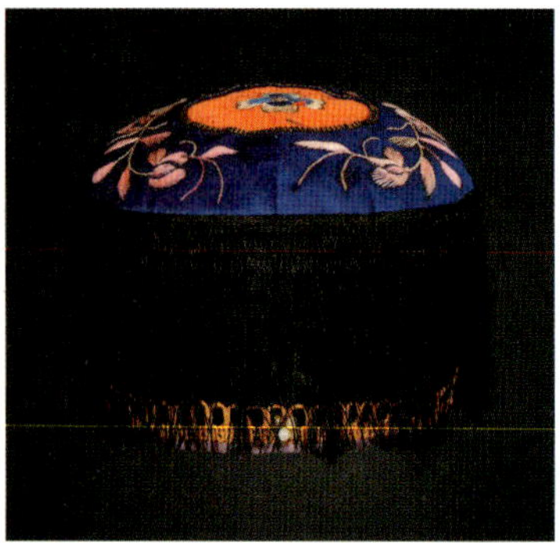

23 拼色缎地刺绣花卉纹绦子边石榴碗帽

这顶帽饰属于碗帽类型，其结构包括帽顶、帽身两个部分。整体为石榴造型，圆顶式，顶部仿照石榴的花蒂略微收紧。从材质上看，此帽主体采用缎面材质，光泽柔和，温暖舒适。从工艺上看，刺绣部分运用了中国传统的平针绣技法，使得图案生动立体。此帽的主要特色在配色上，以暖色调为主，色彩搭配丰富且协调，顶部为醒目的橙红色，象征着富贵与喜庆，常用于庆典场合。橙红色面料上饰有精致刺绣，盛开的花瓣层次分明，中心部分点缀以黄色和白色线迹，使花更具立体感与层次感，象征着生机与繁荣，具有吉祥寓意。中段绦子边蓝绿色象征着宁静与自然，营造了生机勃勃的氛围，与上部的橙红色形成鲜明的对比，丰富了视觉层次，绦子边蝴蝶纹样与六瓣花呈二次方交替排列，分割了上部分拼布和下部分包围纹样，增加了节奏韵律感，使整体更具秩序感和艺术性；帽底部边缘装饰极为考究，采用了复杂的金黄色锦缎织物，锦缎上绣有细密的花纹图案，金黄色与帽身其他颜色相互呼应，营造出富贵华丽的视觉效果，象征着繁荣与好运。

此帽整体兼具美观与实用，石榴寓意吉祥平安，红红火火，多子多福，既有传统文化中的象征意义，又通过鲜艳的色彩与巧妙的纹样搭配展示了工艺美学的精髓，从造型到细节，每一处设计都展示了匠人的高超技艺与对美的追求，显示出浓厚的民族工艺特征，赋予了这顶帽子独特的文化与艺术价值。

24

黑绒地提花盘金绣

蝶恋花秀才碗帽

这顶童帽属碗帽类型，适合春秋季佩戴。其结构为帽顶与帽圈相连，且帽圈与左右两侧为分体式结构。整顶帽子的基本结构为左右对称，且无明显接缝。因其像屋顶的帽顶取材于戏剧中“秀才”角色服饰元素，因而又称秀才帽。该顶帽子顶部装饰有立体老虎，前帽檐边缘垂有黑色流苏，后帽檐后更有长流苏并编缀呈辫子状，增加了灵动感，后帽身还饰有似兔耳的绣片。此外，帽身侧面有蓝色布条装饰。该顶童帽在纹样方面运用动植物相结合的方式，帽顶上绣蝶恋花纹，前帽顶的花耳边装饰漩涡纹，后帽顶边缘饰有梅花纹。前帽圈花卉纹两侧绣有对称的老虎纹，后帽圈则在锦鸡纹两侧绣有对称的花卉纹。织绣技法方面，多运用平针绣；如蝴蝶触手、叶子根茎等线条运用滚针绣；漩涡纹及帽顶边缘、后片的兔耳状绣片边缘、帽顶后的花朵状纹均运用盘金绣。此外，帽圈上沿有用金色绣线编织的装饰，帽顶边缘则用宝蓝色织物包边。配色方面，这顶童帽以黑色为底，辅以红、粉、蓝、绿、黄等高纯度鲜艳色彩，形成了明度与纯度上的强烈对比。红色、粉色和绿色属于对比色，活泼而富有生气，表达出对童年生命力的赞颂。配色遵循强调与呼应原理，红、绿、蓝等高饱和色呈现出色彩的节奏感与秩序性。同时，帽身各部分的色彩比例得当，运用间隔与平衡原则，使整体配色既富于变化，又不失统一感。就其材质来说，该童帽材质基本为绒面，左右两侧的玫红色羊角状绣片为提花织物，帽后的兔耳状绣片则为罗织物。

前帽圈的老虎象征体魄强健、驱除邪恶，帽顶的蝶恋花象征婚姻幸福美满，后帽圈的锦鸡则象征勤劳勇敢、顽强拼搏。该顶碗帽因属秀才帽，所以也具有希望孩子能“及第登科”、享受官禄的寓意。这顶帽子从身体、前途、姻缘方面做出了最完全的祝福，体现出父母对孩童全面的爱。

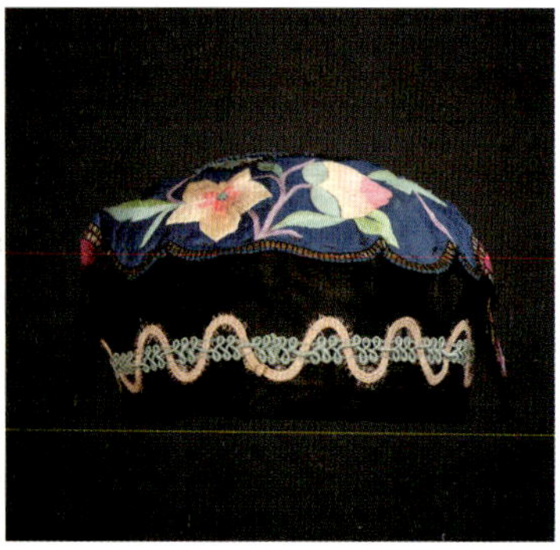

25 黑缎地贴布绣花卉纹刺绣虎顶碗帽

该童帽属于碗帽类型，造型独特，刺绣构图巧妙，多在春秋季节佩戴。其结构由帽顶、帽身组成，整体造型呈半球体状，帽身为左右对称的两片式，沿中心缝合，帽顶由一圈对称的六片裁片和顶上的四方裁片组成。在刺绣技法方面，主要以刺绣为主。帽子正中心点缀了一个对称牡丹花纹样，采用长短针技法绣制粉红色花瓣内部与白色花瓣边缘。花蕊同样采用长短针技法，同时搭配锁链绣，描绘花蕊中心和两侧，同时点缀打籽绣，使得花蕊的制作更加丰富，结构更加清晰明了。两侧的枝叶左右对称延伸舒展，同样采用深浅两色的丝线绣制，使得枝叶的形态更加生动传神。帽顶采用贴布绣，正前方以对称的梯形裁片，下沿为波浪形。裁片上的莲花纹样，呈相对状，结合了多种刺绣技法，首先采用了长短针技法搭配颜色深浅渐变的针线绣制了莲花花瓣和花苞，花瓣中间部分采用回针技法搭配绿色丝线描绘边框，再采用缠针技法表示莲花叶须走势，以及用包梗绣点缀枝干，最后运用打籽绣模拟花蕊。侧面为三角形，下沿为锯齿状，上缀倒挂形佛手花，花瓣呈锯齿状，叶子对称放于两边，枝干蜿蜒，主要以长短针技法组成。后面部分为对称牡丹花纹样，相对盛开状，帽顶中央部分为菱形形状，为四朵呈中心对称放置的花。帽顶中心位置运用堆锦工艺点缀了一个立体造型的小老虎，作站立姿势，憨态可掬，活泼可爱。配色方面，这顶童帽以黑色为主底色，帽面上绣有色彩鲜艳的花卉图案。花卉主要由粉色、浅绿色和白色的线条组成，整体色调柔和且富有层次感。帽顶上饰有一个黄色的小老虎，与帽体黑色底色形成了鲜明对比，增添了童趣和装饰性。

这顶童帽不仅在工艺和造型上精美独特，所选的花卉纹样也蕴含了深厚的吉祥寓意。佛手、牡丹象征富贵与繁荣，寓意佩戴者将来生活富足、荣华富贵；莲花则象征纯洁与高雅，代表着健康长寿、家庭和谐美满。帽顶的小老虎象征勇敢与坚强，寓意孩子能够健康成长、勇敢无畏。这些象征意义与传统刺绣工艺结合在一起，传达了对孩子美好未来的祝福与期待。

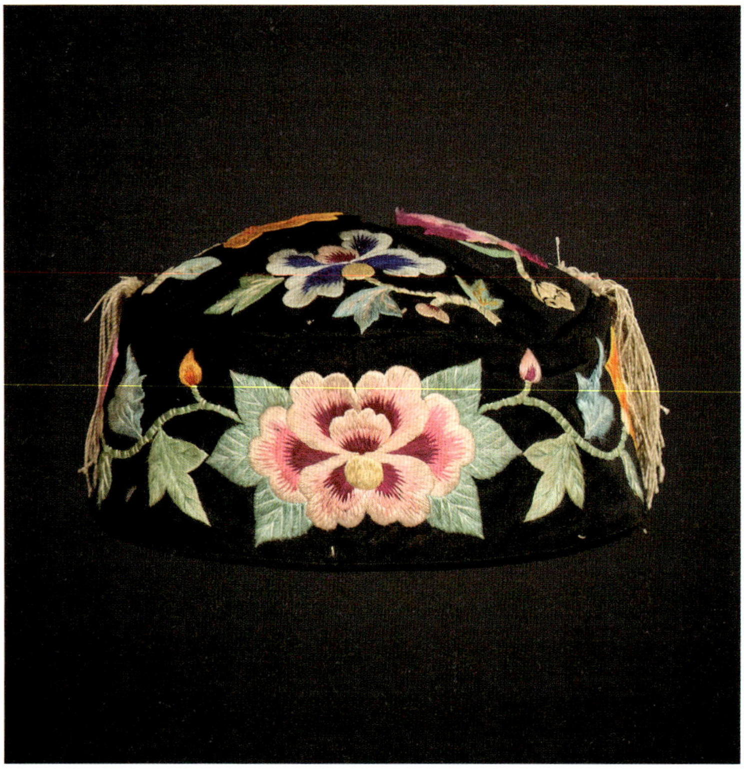

26 黑缎地堆锦贴布绣立耳碗帽

这顶童帽属于碗帽类型，其结构包括帽顶、帽身、帽檐三个部分。帽顶上方有异形装饰，是这顶瓜皮帽最大的特点之一，从正面看上去形似两个立起来的兔子耳朵，十分乖巧可爱，头顶两侧还有弯曲的花耳装饰。帽身部分为六块布料拼缝而成，属于瓜皮帽的基本形制，帽檐处则使用了三层缘边进行缝制固定，层次明显。此顶瓜皮帽佩戴后，可以盖住额头，帽檐在眉上一段距离。配色方面，此顶瓜皮帽大部分使用黑色光泽缎面进行缝制，在帽顶的装饰物上有粉色、黄色、红色、紫色、青色等色进行点缀装饰，三层帽檐处的其中一层使用蓝色缎面进行装饰，帽身六片布幅上贴布绣彩色装饰，布幅连接处用黄蓝相间的布幅进行装饰。黑色缎面，再加上各种彩色装饰，让这顶童帽不会显得沉闷，色彩上也达到了统一。织绣技法上面，帽檐的装饰花卉上使用平绣技法，刻画了连续的花卉纹样，粉色花朵自花瓣处渐变，色彩绚丽。帽身的贴布绣上的花卉及孔雀纹样使用长短针和平绣结合的方式，刻画了栩栩如生的花卉和孔雀形象。花卉为传统文化中的水仙花纹样。水仙花以其清新的形象和独特的韵味，成为纯洁、高雅的象征。在中国传统文化中，人们常常用水仙花来比喻那些具有高尚情操和纯洁心灵的人，水仙花还常常与吉祥、幸福联系在一起。孔雀，自古便是吉祥、文明、富贵的代表，还被视为拥有“九德”的吉祥鸟，它所传递的美好寓意，使它在民间艺术中占据着不可替代的地位。

瓜皮帽作为中国传统首服中的一种，具有悠久的历史。这顶儿童瓜皮帽在配色和性质上区别于传统的瓜皮帽，被赋予了更加生动和活泼的灵魂，也蕴含了父母对子女的期许和爱护。

27 黑缎地刺绣佛手纹碗帽

这顶童帽属于碗帽类型，适合春秋季节佩戴。其结构包括帽顶、帽身、帽耳、帽尾四个部分。该碗帽为帽身左右两片，通过前中缝合线、后中缝合线缝合，又与帽顶通过顶面缝合线缝合而形成外观造型。织绣技法方面，帽身前侧有用平绣工艺绣成的佛手组合纹样，花耳部分有包梗绣，包梗绣内还有缝合的织带。帽子顶部有大面积的纹样，该纹样以盘金绣缘边。帽尾处以黑色布条作缘边，其内侧还有金色缘边的织带作装饰。配色方面，帽身前侧、顶部颜色为黑色，两侧帽耳部分为黄色和红色，后侧为棕色，帽尾部分则为蓝色。其上的绦子边为淡黄色，黄色上的纹样为蓝色。帽身正面图案的色彩以黄色、绿色为主，蓝色为点缀。整体色彩的搭配活泼大胆，充满了童趣。在材质的选择上，这顶帽子采用了经典的绸缎面料，其质地柔软且富有光泽。

这顶帽子精湛地捕捉并展现了东方传统文化的独特韵味。每一处细节设计都凝聚着匠人的心血与智慧，彰显出对古老文化精髓的深刻敬仰与传承。尤其引人注目的是，帽身之上匠心独运地融入了佛手图案，这一美学元素不仅具有极高的审美价值，更蕴含着丰富的文化寓意。佛手寓意事事顺利、家庭和睦、事业有成。其独特造型像手指张开的姿态，还被认为具有“招好运”的象征意义。因此，佛手经常出现在绘画、刺绣、瓷器等传统艺术中，搭配其他吉祥图案，象征对美好生活的期望。

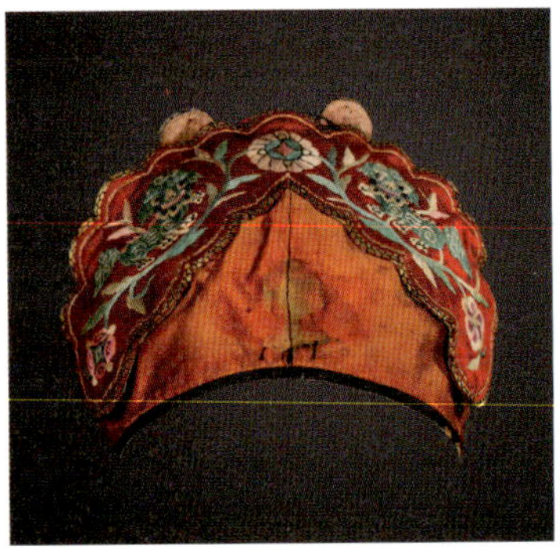

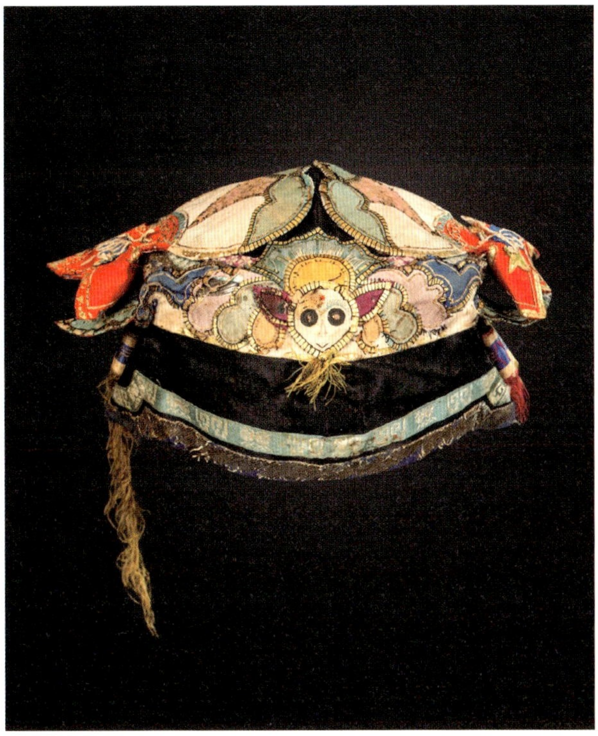
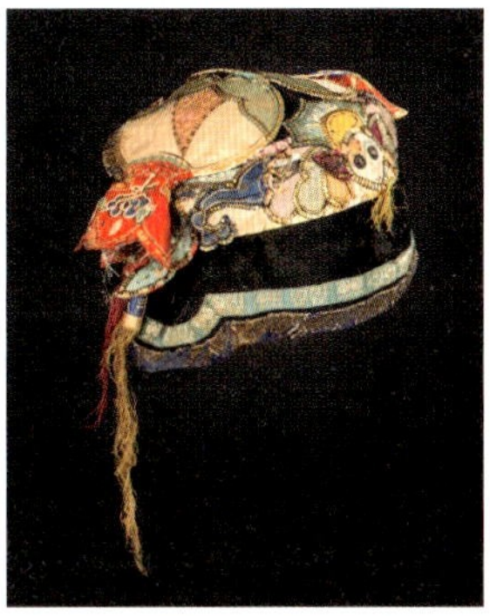

28

彩缎拼接贴布绣石榴纹碗帽

此童帽形制为碗帽类型，多在春秋季节佩戴。其结构包括帽身、帽耳两个部分。织绣技法方面，帽身主要采用贴布绣，将修剪成石榴图案的补花面料贴到黑缎面料之上，然后以钉线绣将其锁边，补花面料边缘采用盘金绣固定；帽额及帽耳处装饰有流苏造型，灵动自然；帽耳部分以金色粗线迹勾勒出花卉图案，生动形象；帽顶贴布的石榴纹中以盘金绣刺绣出鱼鳞纹，在中国文化中，鱼与“余”谐音，象征着富余和富裕，因此，鱼鳞纹被认为可以带来生活的美好和富足；帽身底部装饰有蓝色底纹金色线迹的绲边，上方是“回”字纹与鸟纹呈二次方交替排列的绦子边，整体造型和谐美观，丰富鲜艳。配色方面，帽身以黑色为地，以彩缎拼接，集红、蓝、黄、白、黑等多种色彩于一身，更好地衬托出童帽斑斓多彩的配色之美，使帽子呈现一种较为绚丽的色调，蕴含着活泼的情感基调。材质上以最为常见的黑缎为地，柔软舒适。

石榴图案经常出现在儿童的服饰、帽饰和日常用具上，尤其是在婚礼和新生婴儿的庆典中，长辈们常用石榴象征“多子”的吉祥寓意，祝愿子嗣兴旺，孩子们健康成长。石榴与寿桃、佛手组成三多纹，寓意多子、多寿、多福。这些组合不仅丰富了桃纹的表现形式，也使其寓意更加深远。

29

黑缎地堆锦云纹葡萄流苏碗帽

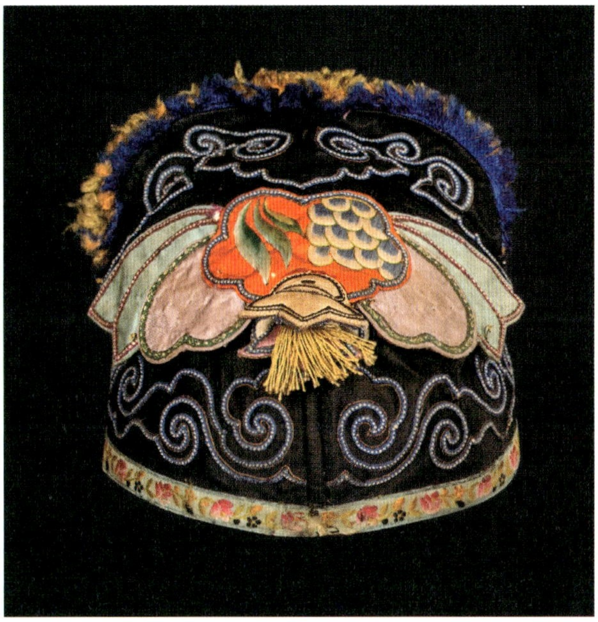

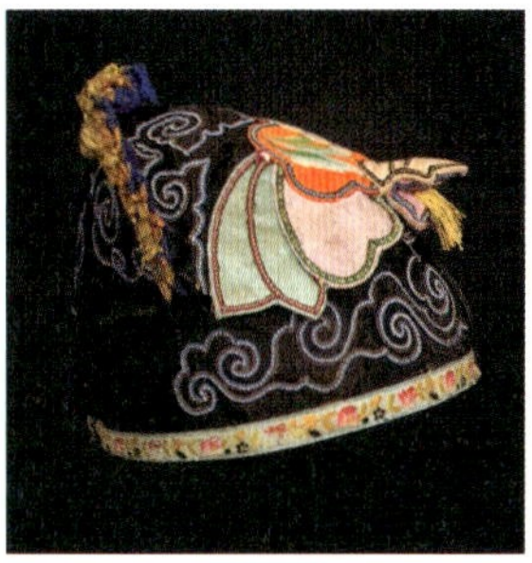

这顶帽饰属于碗帽类型，多在春秋季佩戴，其结构包括帽顶、帽身两个部分。此帽整体为圆顶状，帽身略带弧度，完美地贴合头部轮廓，体现出实用性与美观性的统一。帽子在前中开缝之上有塑造成葡萄藤蔓造型的花边状装饰物，平绣葡萄藤蔓弯曲灵动，果实成串，使童帽的整体造型更加美观与生动。从材质与工艺上看，此帽以黑色缎面为主材质，质地柔软而细腻，光线映照下呈现出低调的光泽，主体采用贴布绣、平针绣和钉线绣，帽前上方有平针花卉纹，碗帽大量使用钉线绣绣出如意云纹纹样，精细雅致，顶部饰以蓝色和黄色的流苏，流苏以柔软的丝线制成，质感轻盈且富有动感。底围拼缝有植物花卉纹样绦子宽边。纹样图案以多种鲜艳的颜色绣制而成，为整体的黑色基调增添了一抹亮丽的色彩，不仅在视觉上起到了点缀作用，同时也为帽子增添了细节感。

这顶帽子呈现出古典与华美的结合，其设计与工艺透露出一种浓厚的传统文化气息。葡萄具有多籽特征，因此被人们用来象征多子多孙、子孙延绵不绝。如意云纹象征着吉祥富贵、平安如意、吉庆如意、富贵如意等，流传千年经久不衰。丰富的色彩搭配与细腻的刺绣工艺相得益彰，呈现出一件既具有装饰性又兼具传统文化意味的艺术品，是一件集实用与美观于一身的精品。

30 黑缎地平针流苏辫子碗帽

这顶童帽属于碗帽类型，造型独特、制作精良、用料考究。从结构看，它由帽顶、帽身、帽檐三部分组成。可以在此帽的正背面及两侧边看到四条缝合线，由此可以推断出此帽帽身用四片布拼缝而成，然后用十分宽大的帽檐进行固定装饰。并且在这顶碗帽的帽顶还有着一块扇形的装饰物，其正面为波浪形的花耳造型，十分独特。若将这顶帽子戴上之后，帽檐处大约可以盖住眉毛。从配色来看，帽子主体使用了黑色光泽缎面进行缝制，帽顶的花耳处用蓝色装饰线缝缀一圈，帽檐处用淡蓝色和金色的装饰物进行固定及美化，帽子左右两侧分别用绿、粉两色的缎面布条进行了装饰，这种配色方式保持了黑色作为主体的整体性，但又增加了一丝趣味性，打破了原有的沉闷感。从织绣技法来看，帽顶使用红、粉、橙、蓝、绿等多色丝线进行缝制，使用盘金绣、平绣、长短针等多种织绣技法缝制了一幅生机盎然的牡丹纹样。帽檐上同样使用了平绣及长短针的技法，刻画了牛、鸟、芭蕉叶、器皿等形象，十分丰富。

帽身后方的辫子装饰及帽檐下方的流苏装饰，是这顶碗帽的一大特色。除此之外就是帽檐下方一圈流苏装饰，这和后面的辫子形成了一种呼应，走起路来随着身体的律动摇摆，十分有趣。

31

彩缎拼接平针绣花卉纹碗帽

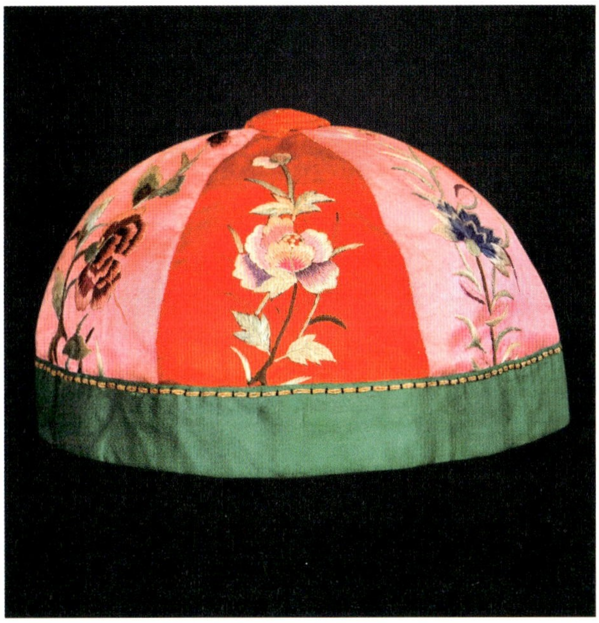

此童帽形制为碗帽类型，多在春秋季节佩戴。其结构包括帽身、帽圈、帽尾三个部分，由六块三角形缎面连缀缝制，因此，也可称“六合一统帽”“六合帽”；帽顶之下连缀以宽边帽圈，为软胎、尖顶造型。织绣技法方面，帽身采用平针绣，刺绣出精美的牡丹花纹，牡丹层层叠叠，造型饱满；帽底部分装饰了绿色缎带，以钉线绣进行固定，金色线迹与绿色缎带相呼应，既起到固定作用，又兼具装饰功能。帽尾部分缝缀有铜质饰品，华而不奢，精致巧妙，蕴含着长辈对子女的深沉关爱。配色方面，帽身部分以红色、粉色进行间隔拼接，同色系的搭配，和谐统一；帽圈以绿色点缀，红绿色彩，对比鲜明，带来极强的视觉冲击；帽圈边缘以金色线迹缝合固定，与绿色巧妙呼应。材质上用了最为常见的缎地，富有光泽，柔软舒适。

牡丹纹是中国传统装饰纹样，以牡丹花为主题，寓意吉祥富贵。自唐代以来，牡丹备受人们喜爱，被视为寓意家庭幸福美满、国家繁荣昌盛之花。中国封建统治者追求地位的显赫和生活的富贵，牡丹迎合了这一价值取向和审美心理，所以在各类纹饰选择中牡丹花成为首选。作为装饰纹样主题，牡丹寄托了人们对美好生活的追求。自唐起，经宋元至明清，在多元文化的融合发展下，以牡丹纹为主体或与其他题材搭配的瓷器琳琅满目，其装饰纹样逐渐趋于成熟。

32 黑缎地贴布绣『榴开百子』碗帽

这顶童帽属于碗帽类型，适合春秋季佩戴。其结构包括帽顶、帽身、流苏三个部分，帽顶可覆盖额头。该碗帽为一片式单体结构。织绣技法方面，帽顶及两边采用多种工艺技法塑造榴开百子效果。帽檐运用包梗绣。帽顶的“榴开百子图”布片结合了贴布绣与钉线绣的工艺，前额的“榴花百子图”五字采用了平绣工艺，并用贴布绣固定在帽顶，边缘用钉线绣。两侧各有一朵石榴攒花，顶部装饰一只蜘蛛，蜘蛛又被称为“喜蛛”，有吉祥幸运的寓意。配色方面，帽身主体为黑色，榴花则是红色配以绿色叶片，颜色鲜艳吸人眼球，顶部榴花百子图为白色和粉色，蜘蛛则金银相间，栩栩如生，与黑色的底色形成强烈的对比，使得整个童帽在色彩上更加丰富而富有层次感。材质上，采用多种传统织物，顶部为白色绸缎，内层为黑色绸缎，佩戴起来更加舒适。帽檐有金色织边，几何纹与榴花相得益彰，细腻精致，帽后有流苏装饰，灵动可爱。

此顶“榴开百子”碗帽为传统童帽的一类品种。石榴因其内部含有众多的籽粒，常常被人们赋予多子多福的美好寓意，象征着家族的繁荣和子孙的兴旺。蜘蛛，作为一种常见的吉祥物，也承载着人们对幸福和好运的祈愿。这顶童帽表达了长辈对后代子孙繁衍昌盛及享有美满幸福生活的殷切期望与深切关怀，蕴含着对家族未来福祉的深远考量。他们希望孩子们能够一生喜乐，同时也希望家族血脉绵延不绝，充满生机与活力。

33

红缎地打褶剪纸绣碗帽

这顶打褶帽属于碗帽类型，结构包括帽顶、帽身、帽耳三个部分。帽顶有立体的蝴蝶结装饰，与帽身上下缝合。织绣工艺上，帽顶之上绣制出的装饰纹样以金色硬地材质裁剪出描绘纹样的大致轮廓，将其浮悬张贴于需要装饰纹样的部位，然后以各色绣线搭配以盘金绣、平绣绣制出瓜瓞、莲蓬纹样，纹样在金地硬质材质的衬托下更显夺目，整个装饰生动鲜活、光彩耀人，尽显富贵之气；配色方面，帽身主体为红色，褶边采用了蓝色，色彩搭配上有主、有辅、有对比，在童帽中适当地运用对比色，可以起到视觉对比和色彩平衡的作用。材质上，帽子的外层为红色缎地，内里采用黄色缎，褶边运用蓝色缎，并在帽顶装饰了金箔与毛球。此顶碗帽的造型独具特色，帽顶装饰的蝴蝶结与帽身的打褶工艺，装饰繁复且层次分明，做工考究，兼具装饰性与实用性。

此顶童帽集两种吉祥纹饰于一身，瓜瓞与莲蓬交相辉映，寓意家族人丁兴旺、瓜瓞连绵、连生贵子、富贵吉祥、子孙繁盛、绵延不绝、生生不息，真实地体现出长辈寄托在孩童所佩戴的童帽之上的那种深切的祝福与祈愿。

34 黑缎地刺绣盘长纹碗帽

这顶童帽属于碗帽类型，适合春秋季佩戴。其结构包括帽顶、帽身两个部分。该碗帽帽身左右两片，通过前中缝合线、后中缝合线两条线缝合在一起；帽顶由多块莲花花瓣状的布片拼缀而成。织绣技法方面，帽身边缘有黑色绲边装饰，紧挨着绲边装饰还有绦子边修饰，其上织有呈二次方交替排列的盘长纹和花卉纹样。帽顶有两层，一大一小两块叶片组成一组，每组之间用两段黑线连接。每一块布片均用包梗绣装饰边缘，其内侧还有一层边缘装饰。配色方面，帽身主体颜色为黑色，其中绦子边为绿，其上图案颜色以绿色、黄色、粉色为主。帽顶下层主体颜色为淡黄色，其上纹样以红色为主，上层主体颜色为绿色，其上图案以粉色为主。整体帽子的色彩搭配淡雅高贵，突出了中华传统色彩美学。材质上采用了传统的绸缎，质地柔软细腻，具有光泽。

这顶儿童帽的设计别具匠心，细节中体现了对传统文化的崇敬与传承精神。其中的盘长纹图案，也称为吉祥结，是一种具有深刻文化内涵的纹样。它以线条曲折回转、首尾相连、无限循环为特征，象征着生命的连续和家族的绵延不绝。总的来说，这顶儿童帽不仅实用，还承载着文化传承与美好祝愿，堪称一件艺术珍品。

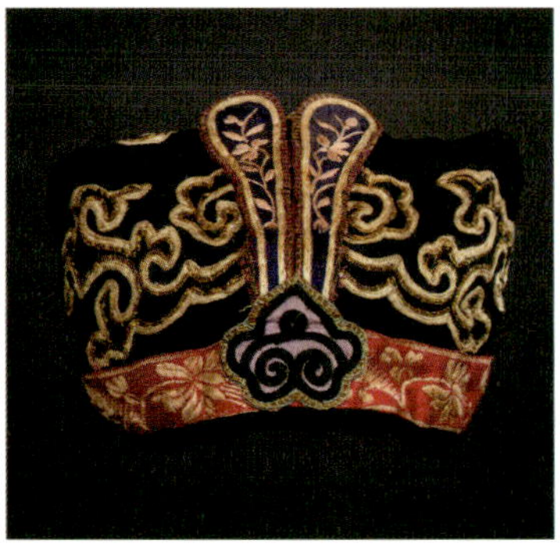

35 红缎地堆锦刺绣松树鹿纹碗帽

这顶童帽属于碗帽类型，适合春秋季节佩戴。其结构包括帽顶、帽身两个部分。帽身分为左右两片，通过前中缝合线、后中缝合线、顶面缝合线三条线的缝合而形成外观造型。帽顶由多块花瓣状的布片拼缀而成。织绣技法方面，帽身边缘有黑色绲边装饰，紧挨着绲边装饰还有绦子边修饰，其上织有呈二次方交替排列的云纹和花卉纹样。帽顶每一块布片均用包梗绣装饰边缘，其上用平绣的手法绣出牡丹花纹、桃子纹、竹子纹、松树鹿纹。帽顶上有用堆锦工艺制成的小人，其上用平绣工艺绣出五官。配色方面，帽身主体颜色为红色，其中绦子边为黑色，其上图案颜色以白色、粉色为主。帽顶主体颜色为红色，其上纹样以黄色、蓝色、粉色为主。整体帽子的色彩搭配突出了红色，烘托了喜庆的氛围。材质上采用了传统的绸缎，质地柔软细腻而有光泽。

这款儿童帽的设计别具匠心，细节中体现了对传统文化的崇敬与传承精神。其中的牡丹花图案，寓意佩戴者将拥有幸福富贵的生活。其中桃子纹样则寓意佩戴者吉祥长寿，竹子纹样则是希望佩戴者能拥有高洁的品格。而最为特殊的是前额的松树鹿纹，鹿与“禄”谐音，禄在古代指俸禄，象征着财富和地位。松树则象征着坚韧和长寿，两者结合在一起，寓意着吉祥富贵、功成名就。总的来说，这顶儿童帽不仅实用，还体现着文化的传承、承载着人们的美好祝愿，堪称一件艺术珍品。

36 红缎地刺绣团寿纹缀金八仙庆寿过桥碗帽

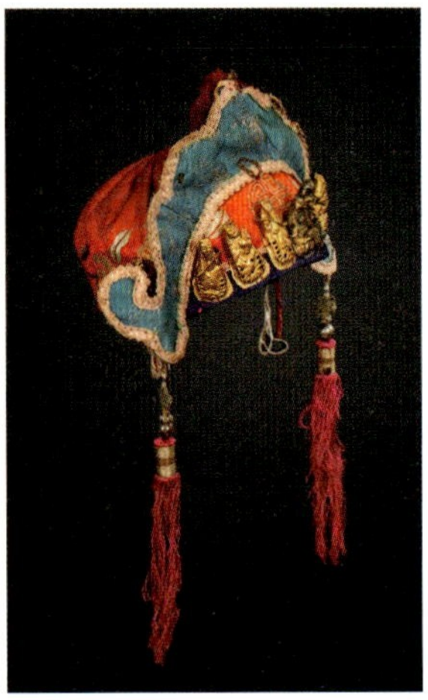

这顶帽饰属于碗帽类型，其结构包括帽顶、帽身和帽上的过桥三个部分。帽身为一片式结构，帽身与帽顶共用一片面料，帽顶上有线球，帽底边装饰有八仙庆寿，各持法器，写实灵动，帽身上饰有过桥，两侧缀有长流苏。此帽采用多种刺绣技法，帽身前部的团寿纹样使用双金绣工艺，使其在视觉上更为立体，增加了图案的耐久性和整体的纹理感，帽身侧面的佛手花卉纹样采用平针绣技法，表现出植物纹样的流动感，帽两侧垂下的流苏上方刺绣部分针脚紧密，金线的使用让流苏的上部呈现出更为华贵的装饰效果。配色方面，此帽主色调采用了红、蓝、金三色，以红色地布为大色彩块面，光滑细腻、喜庆热闹。金色八仙形象制作成装饰品钉装在帽额上，起到祈祥纳福的作用；过桥以蓝绿色丝绸为底，覆盖着细密纹样；金色盘绳缘边，高贵大气；红色丝线流苏垂坠感明显，常被赋予祝福、喜庆的象征意义。

此帽的设计与刺绣的运用搭配得十分完美，体现了传统服饰制作中对美学与功能的双重追求，“寿”在五福吉祥文化中占有重要地位，团寿纹以弧线成形，造型圆润饱满，寓意生命绵延不断、长寿平安。帽额处用如意形过桥装饰，在戏曲中有过桥元素的帽子多为状元或文人角色佩戴，进一步增强了帽子的文化寓意，表达了长辈对后辈的浓浓期许。

37

红缎地堆锦贴布绣牡丹纹『寿比南山』碗帽

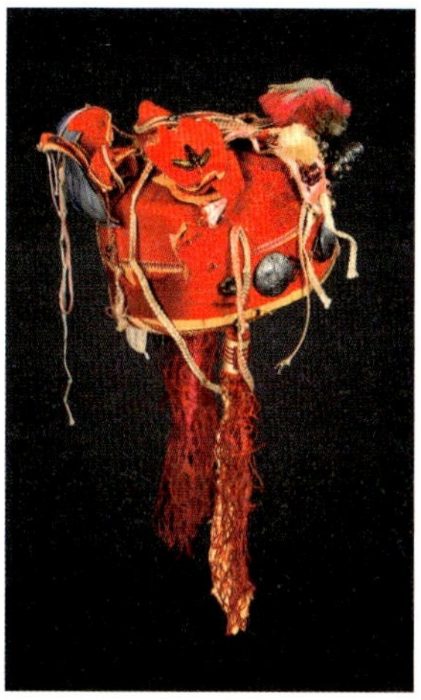

这顶童帽属于碗帽类别，其结构包括帽身、帽顶、帽檐三个部分，帽身用六片布缝制而成，帽檐处围绕一圈，戴上去之后，帽檐在眉上一点，可以盖住头的大部分。此顶碗帽首先在配色方面十分统一，帽子大量使用红色，只有在正面的贴布装饰上使用粉色和黄色，边缘处也用黄色缘饰进行装饰，背面使用少量蓝色。这种配色方法使得帽子整体拥有一个明显的颜色倾向，但又不会显得单一和沉闷。织绣技法方面，帽身正面大量使用珠绣，珠子的大小、长短的组合变化，呈现花形、叶形等多种造型，结构丰富，富有趣味。在材质方面，帽身处大量使用红色暗牡丹纹缎进行缝制，正面装饰处使用了淡黄色、淡粉色的光泽缎面，帽身后面使用棉质蓝色布料进行装饰。

此帽的显著特征是银质饰品装饰，其正面帽檐精心镶嵌了五枚银质饰品，同时帽体上也附加了一枚同类装饰。帽体中央的银饰上精雕细琢了一位盘膝而坐的寿星南极仙翁，这位古代神话中象征长寿的神祇，在道教中被尊为神仙，原为恒星之名，福、禄、寿三星之一，寓意深远。位于寿星图像正下方的银饰，则镌刻了一幅太极八卦图案，此图不仅是道教的象征，还深刻揭示了宇宙自无极生太极，进而演化万物的哲理。其中，太极象征着天地未辟、阴阳未分的混沌状态，而两仪则分别代表太极中的阴与阳。至于帽檐上其余四枚银饰，则分别镌有“寿比南山”四字，这些元素共同体现了中国传统文化中对长寿的崇尚、对自然万物的敬畏以及对宗教的信仰，同时也寄托了父母对子女深厚而美好的期许与愿景。

38

红缎地缀银八仙庆寿相公碗帽

这顶相公帽属于碗帽类型，结构包括帽顶、帽身、硬胎翘头三个部分。帽顶与帽身上下缝合，帽顶有金色织边的装饰，其后有硬纸板支撑形成立体造型。工艺细节上，帽额前连缀出九个整齐排列的银饰，所表现出的装饰主题即为八仙庆寿，出自众仙赴瑶池为南极仙翁庆寿的典故。银饰虽小，对八仙神情的刻画均十分传神，八位仙人均各持法器，慈眉善目，且八仙服饰细节及各自特征均写实、细腻，寓意深厚。配色方面，帽身主体为红色，织边采用了金色，为邻近色搭配，整体的配色纯度较高，色彩鲜艳，色彩搭配上有主有辅，才能呈现和谐统一的视觉效果，绿色、蓝色的运用及钉珠调和，起到画龙点睛的作用。巧妙运用色彩的对比与交错，使得童帽整体效果饱满而不显杂乱。材质上，帽子的外层为红色缎地，内里同样采用红色缎，富有光泽感。此款碗帽的造型独具特色，帽两侧的两个上卷的硬胎翘头，较为繁复，做工考究，装饰性远远大于实用性。

八仙庆寿作为一种富含深厚文化意蕴的题材，其被巧妙地融入银饰设计之中，装饰于童帽的帽额前沿，作为富贵与长寿的象征，隐含了对孩童成长历程的深切关怀，寄托了希望孩童在人生旅途中能够持续获得八仙——这一神话传说中智慧与力量化身的庇佑与指引，直接传达了长辈对孩童未来生活富足、健康长寿的衷心祈愿。

39 红缎地堆锦花卉纹缀银八仙庆寿绣球碗帽

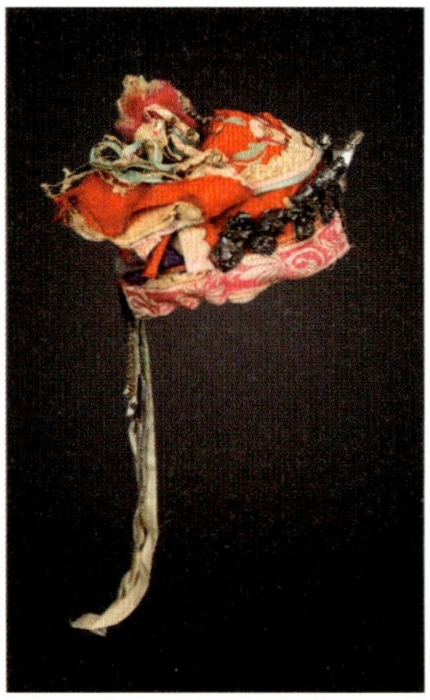
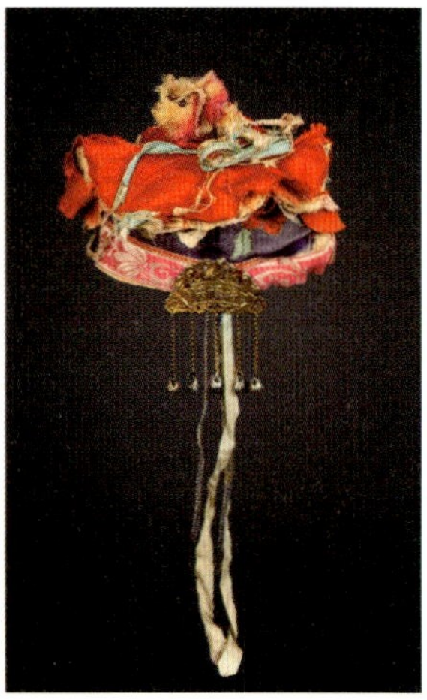

这顶帽饰属于碗帽类型，多在春秋季节佩戴，其结构包括帽顶、帽身两个部分。此帽帽檐正面连缀九个整齐排列的银八仙庆寿雕塑小像和八卦图案装饰，八仙细节及神情特征写实细腻。帽顶饰有双色毛绒绣球并堆有多片面布，帽子后方点缀“福禄寿”字样金属装饰，象征着喜庆吉祥、荣华富贵、平安健康。下垂多链条铃铛珠饰和布条，小巧精致，灵动光泽且富有韵律感。在材质上，此帽主体采用了缎面材质，细腻光滑。在工艺上，帽子主体采用了精致的刺绣与编织工艺，帽前上方有平针花卉纹，底围拼缝了植物纹样绦子宽边，帽子背面红、紫、金布料层层交织，底部悬挂的金属坠饰为此帽增添了一种仪式感。配色方面，外观上以红色为主调，红色布料材质似为丝绸或绢类，质地细腻柔滑，明艳大气，与金色镶边和图案形成了丰富的质感对比，整体鲜艳夺目，具有较强的视觉冲击力，顶端的一小束彩色织带装饰在帽顶，颜色丰富且充满活力，丰富了整体造型。

整体来看，此帽无论是从造型、工艺，还是从色彩搭配与细节处理上，均体现了极高的艺术价值与文化底蕴。八仙庆寿的象征意义深远，八仙分别对应了八卦，同时也代表了芸芸众生，在寿庆场合使用，明示寿星得八仙祝吉可获无疆之寿的祥瑞，体现了人们对长寿、幸福和吉祥生活的向往。

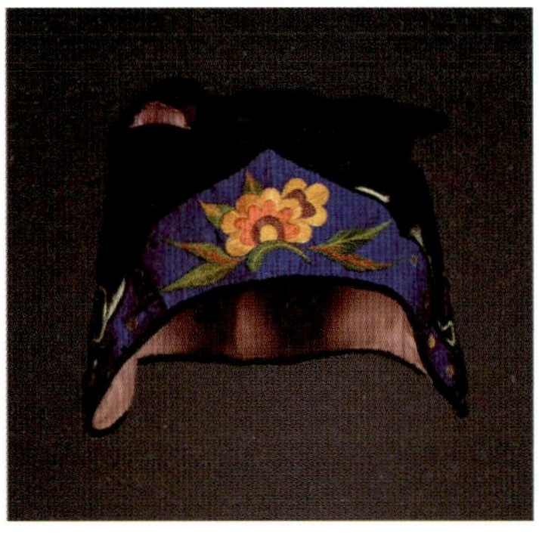

40 红缎地堆锦花卉纹福禄寿三星过桥绣球碗帽

此童帽形制为碗帽类型，多在春秋季节佩戴。其结构包括帽顶、帽身和帽额前的过桥三部分。帽顶可覆盖额头。织绣技法方面，过桥边缘、堆锦边缘采用包梗绣，花卉、叶片等纹样采用平针绣，帽顶堆有多片如意组成小冠，帽额过桥贴布“福禄寿三星”五字，并装饰红色绣球，帽身做如意形挖云，帽檐装饰蓝色花卉绦子边，下坠蝙蝠流苏装饰。配色方面，帽子主体与过桥为红色，不仅吸引眼球，还传递出一种积极向上的活力，为帽子奠定了热烈而醒目的基调。织带和蝙蝠装饰为蓝色，蓝色与红色对比鲜明，但又能够和谐共存。少量的绿色叶片更是为这款帽子增添了一份生机与活力。材质上，以最为常见的红缎地为主，细腻、光泽感强。

碗帽作为传统童帽中的一种，充分展现了中国传统儿童服饰的艺术魅力和文化内涵。帽子过桥上的“福禄寿三星”是中国民间信仰中极为崇拜的三位神仙，分别寓意好运与幸福、学识渊博与财源广进、健康与长寿。“福寿双全”“福寿无疆”“福星高照”是民间百姓最常说的几句祝词。民间常把寿星与福、禄二星结合起来供奉，合称福、禄、寿，是人们最喜爱的三个福神。将这三位神仙的图案绣制在碗帽的过桥之上，不仅寓意着对孩子未来幸福、成功与长寿的美好祝愿，还体现了长辈对孩子深深的爱与期望。此外，传统技艺的传承与发展，不仅让碗帽成为一件件精美的艺术品，更让它们成为连接过去与未来的桥梁，让人们在欣赏与佩戴中，感受到中国传统文化的深厚底蕴与独特魅力。

二、方体帽

1

黄缎地盘金平绣三多纹流苏方体帽

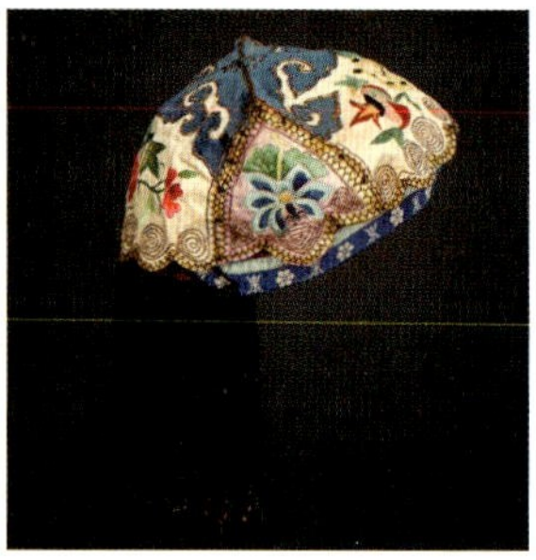

这顶童帽属于方体帽类型，适合春秋季节佩戴。其结构包括帽顶和帽身两个部分。该帽帽身为缝合的一片式，帽顶为左右对称的四片式，即前后两片长方形帽顶结构加上两侧两片三角形对称帽顶结构，帽片底边为半圆形结构线，耳部半圆向下突出。织绣技法方面，帽顶前片为佛手、石榴和寿桃组成的三多纹，佛手居中，石榴和寿桃一左一右连枝共生，石榴内打籽绣石榴籽。后片为倒置牡丹花卉纹，中心牡丹华丽绽放，一左一右延伸出牡丹花苞，枝叶间错分布其中。前后帽片上方贴布绣如意云纹，边缘钉包梗绣。两侧帽片绣制倒置莲花，莲花顶生莲蓬，底接莲叶。帽顶各片下方沿半圆边缘线钉圆形盘金绣，由两侧延伸至顶部。帽身底部包黑色细绲边，绲边内钉缝一宽一窄两条绦子边，宽绦子边内寿字纹与六瓣花成二次方交替排序，细绦子边内几何纹连续排列。绲边及绦子边延伸至耳后上弯，隐于帽顶底部。帽身后钉密黑色编绳流苏，流苏底部有金线编织在内。配色方面，帽子整体以淡黄色、蓝色、绿色和红色为主，金色点缀。帽顶有黄黑色斑点佛手，红色石榴内有淡粉色平绣内瓤，钉绿色打籽绣，寿桃用红色粉色青色渐变绣制，青绿色枝叶穿插其中。上方为蓝色贴布如意绣，两侧为粉缎地上绣蓝绿色莲花，帽顶边缘为金色包梗绣，与底部盘金绣相呼应，整体帽顶颜色丰富活泼。帽身紫底，蓝色绦子边与顶部蓝色如意纹相呼应。整体色彩搭配和谐丰富。

此顶方体帽体现了中华传统童帽的纹样内涵寓意丰富。三多纹即佛手、寿桃、石榴，寓意多福、多寿、多子，牡丹纹寓意富贵，莲花纹寓意高洁，都蕴含着父母对孩童的美好祝愿。

2 黑缎地刺绣牡丹纹方体帽

此童帽形制为方体帽，多在春秋季佩戴。其结构包括帽身和花耳。该方体帽为上下式结构。帽身分为上下两部分，花耳则分为前中后三片。织绣技法方面，帽身下部分以及帽顶处均采用平绣技法绣出大小、形态不一的牡丹花枝纹样。帽身底边镶一条窄窄的纹锦，以作帽檐装饰。帽顶花耳边缘处用盘金绣勾勒出海浪状的轮廓。帽子两侧有以贴布绣的形式固定住的如意头布片和向下垂落的流苏装饰。该童帽帽身部分较为圆润，花耳部分较为方正。方圆结合突出了传统的结构之美。配色方面，帽身主体为黑色，花耳前中部分主体颜色为蓝色，后部分颜色为绿色，其上图案颜色均以粉色、绿色为主体，金色为点缀。整体颜色沉稳大气，色彩搭配浑然一体。材质方面，该帽采用了传统的绸缎，质感柔软且富有光泽，里料则夹以硬衬，以增加该帽的挺括度和耐久度。

此童帽是一顶较为典型的方体帽，其上的牡丹花纹寄托了传统文化中的美好寓意。牡丹自古以来就被誉为“花中之王”，将牡丹图案应用在童帽上，表达了对孩子未来富贵安康、生活幸福的美好祝愿。这种寓意不仅体现了家长对孩子的深情厚望，也反映了中国传统文化中对美好生活的追求和祈愿。

3 蓝缎地童子贴布绣云纹方体帽

此童帽形制归于方体帽一类。结构分为帽身与帽顶两大部分。就织绣技艺而言，帽身正面被帽顶覆盖，以拉锁绣绣制一圈祥云纹样，侧面两边的中间以平绣技法绣一蝴蝶。下方是两种变体寿字纹二次方连续的织带宕边，和六瓣花与抽象化蝴蝶二次方连续的织带，这两条织带上下均有小三角形的纹样。帽顶延伸到正面的部分以拉锁绣围出一对儿对称的祥云装饰，延伸到帽后的部分分成六条，皆在尾部有以相同的技法绣出卷曲纹。帽顶正面的中间为一只蝙蝠，由一个圆形的面部与一个倒圆锥组成，倒圆锥部分绣着网格，圆形的面部以平绣绣出眼睛与嘴巴，顶部固定流苏作为头发。色彩搭配上，此童帽以黑色为主，蓝色其次，点缀以玫色与黄绿色。黑色沉稳大方，配以金、白、蓝的边缘显得十分大气，而帽身的蓝色也与黑色具有同等效果，使得以沉静为主旋律。帽身两侧的黄色蝴蝶和下方织带的玫色和黄绿色又在整体上提亮了色调，使色彩更加丰富的同时也呼应了帽顶的浅色绣边与正面的黄、白、红童子贴布绣。织带中的配色也彼此呼应，在玫色地织带中的纹样为米黄色，黄绿色地织带中的纹样为玫色与绿色，两条织带的边缘小三角纹样都为同一种绿色，彼此配合。

此方体帽的造型设计沉稳大方，配色也是在稳重之余带有孩童的俏皮感，是一顶上好的童帽。云纹是带有各种吉祥寓意的图案纹饰，是纹样中较为经典的一种。侧面的刺绣蝴蝶和织带上的抽象蝴蝶纹样在传统语境中既有“福气”的寓意，也常与猫组成“耄耋”，带有福寿绵长的美好愿望。同时两条织带都带有的变体“寿”字纹也与这样的寓意相互呼应，充满了百姓们希望福寿齐天的最淳朴真切的愿望。而亲人则将这样美好的祝愿以精妙的想法和灵巧的双手浓缩在了一顶小小的童帽之中，令人赞叹。

4 黑缎地绦子边如意纹贴布绣方体帽

此童帽形制归于方体帽一类。结构分为帽身、帽顶、帽尾三个部分。织绣技法方面，帽顶采用贴布绣工艺，将如意形裁片置于帽顶，采用褐色布条搭配包梗绣缘边，帽顶中心点缀一个盘金绣铜钱纹。帽身正面被帽顶覆盖，两边伸出花耳，正面部分采用包梗绣装饰，蓝、黄、白三色线，呈对称形式，直线从上至下，在底部形成卷纹，将正面分成四部分，每部分中间点缀一个童子戏花纹样，生动有趣。侧面镶嵌镂空如意纹，采用包梗绣装饰，里侧搭配锁扣绣缘边。帽身下方采用绦子边工艺包边，上面绣有两只小鸟和一只大鸟，搭配六瓣花卉组成的连续纹样。帽身后下方运用贴布绣工艺，绣有盘肠纹纹样，用锁扣绣缘边，上方缀有两片长条水滴形贴布绣装饰，再用刺绣绘制花卉纹样，清新典雅。帽尾由两条橙色宝剑头飘带组成，中下段和尾端以绦子边工艺装饰。配色方面，以深邃的蓝色与沉稳的黑色为主，点缀一抹金色，营造出鲜明而生动的视觉效果，色彩搭配整体既庄重又典雅，侧面以粉色装饰，增添一份童趣。

这顶方体童帽，不仅是织绣技艺的精湛展现，更是寓意深远的艺术品。帽顶的盘金绣铜钱纹，熠熠生辉，象征着财富与好运的汇聚，寓意着佩戴者将拥有源源不断的财富与幸福，承载了长辈对孩子的美好祝愿。帽身下方的鸟与花卉纹样，和谐共生，寓意着自由、美好与希望，象征着佩戴者将拥有广阔的天空，自由翱翔，也体现了对未来美好生活的无限憧憬与期待。这顶方体童帽不仅是一件精美的服饰配件，更是一件蕴含丰富寓意的艺术品。它寄托了人们对美好生活的向往与追求，象征着吉祥、财富、和谐、纯真与热情，为佩戴者带来无尽的幸福与好运。

5 黑缎地盘金绣八宝纹方体帽

这顶童帽属于方体帽类型。从结构上看，这顶帽子它由帽身、帽顶和帽檐三个部分组成。织绣技法方面，帽顶的花耳部分边缘处用包梗绣装饰，其内侧有用平绣和盘金绣绣成的八宝纹样，花耳两侧和顶部的形状为如意云头状。帽身边缘有黑色绲边装饰，其上有两层绦子边织带，下层为变体回纹呈二次方排列，上层为变体树纹呈二次方排列。帽身两侧为用平绣工艺绣成的平面莲花纹。配色方面，帽身主体为黑色，花耳部分为蓝色，其中纹样为金色。帽身的绦子边为绿色和蓝色，整体配色淡雅、装饰精美。材质上采用多种传统绸缎，内用硬衬，整体外形较为硬挺。

这款儿童帽堪称精美之作，充分展现了中国传统服饰的艺术精髓与深厚的文化内涵。帽身设计别具匠心，细节中体现了对传统文化的崇敬与传承精神。特别是其上的八宝纹与平面莲花纹，八宝纹集合了佛教中的八种吉祥宝物，寓意着吉祥、幸福与平安；而平面莲花纹则象征着纯洁高雅，寓意佩戴者具备高洁的品质，如同莲花一般出淤泥而不染。总的来说，这顶儿童帽不仅实用，还承载着丰富的文化传承与美好的祝愿，堪称一件艺术珍品。

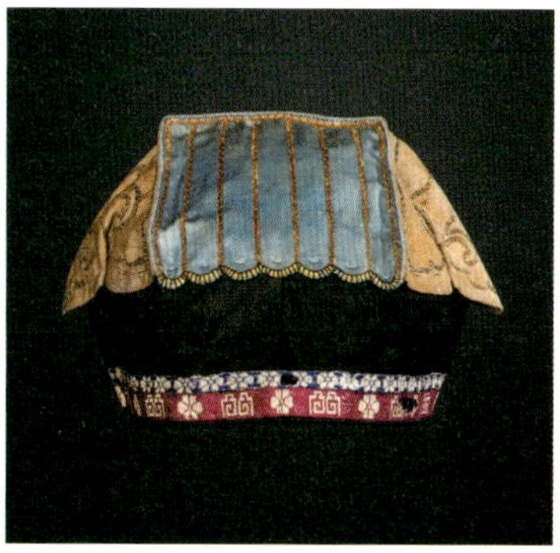

6 黑缎地贴布绣如意八宝纹方体帽

此顶童帽属于方体帽，其装饰繁复，配色丰富且用料考究。首先从结构上来看，它由帽身、披风、帽檐三部分组成。此帽帽深较浅，佩戴之后帽檐大约在眉骨上方。帽子正中间用贴布绣制作一块暗紫色花形缎花耳，花耳上用平绣工艺缝制了两个人物，生动活泼。花耳上方又缝缀了两片玉如意形的绿色缎面，边缘处用锁绣进行装饰和固定，其上用平绣、戗针绣的工艺装了花卉图案。帽檐处用浅绿色宽边缝缀，上面有变体"圆寿"与"长寿"纹样装饰，寿字纹是传统文字纹样中的一种，属于五福之首，它折射出人们对生命的渴望，可以说寿字纹的文化属性大于其装饰属性。在绿色宽边的上方还贴缝了一圈粉色缎面布，布上有金色朵花纹。在帽身左右两侧均缝缀两块粉色如意型缎面布，该如意布上面由金色丝线包边，黑色棉线锁边，下面由绿色丝线包边、锁边，装饰极其丰富，此种装饰表达了父母对于子女的美好期盼，希望子嗣日日顺遂，事事顺心。帽后方装饰的披风是此顶童帽最大的特点。披风上方有五个圆形孔洞，并以金色缎面贴布绣塑造如意造型，下面为蓝色缎面，上面绣有暗八仙纹样，其由八仙纹样演变而来，暗八仙，又称为"道家八宝"，指的是八位神仙分别持有的八件特定法器，分别为葫芦、团扇、鱼鼓、宝剑、荷花、花篮、横笛和玉板。这些法器因暗含仙人之意而得名。这八件法器不仅与八仙紧密相连，更蕴含着相同的吉祥寓意，象征着中国道家所追求的高尚精神境界。

此顶方体帽造型上借鉴了戏曲中的八卦巾、小生巾等帽，融合它们的长处，其次就是色彩、织绣工艺十分丰富，展示了父母对子女的期盼和爱，也体现了此顶童帽制作工艺的高超。

7 黑金拼色缎地贴布绣兔耳方体帽

这顶虎头帽属于方体帽类型，整体配色淡雅、装饰精美。从结构上看，这顶帽子由帽身、帽顶和帽檐三个部分组成。此顶帽子佩戴上之后大约至眉毛附近。此帽帽身为前后两片布，通过侧边缝合而成。正面来看，帽顶的蓝色装饰部分应当是借鉴了戏曲中帽子的造型，用金黑双色的丝线进行缝制，形成了一个漩涡状的卷纹，在上面还有四种用金色丝线，采用盘金绣技法缝制而成的纹样，从左到右，它们分别为暗八仙纹中的四个：扇子、宝剑、葫芦、玉板。该帽子的后部设计有两片形似兔耳的装饰性布料，并配有两条悠长的垂挂装饰。配色方面，帽身整体使用黑色光泽缎面材质进行制作，正面使用蓝色缎面装饰，上方用金色缎面进行贴布绣装饰，背后则有粉色的如意头装饰布。总的来说，这顶帽子配色较为高雅，有一种华贵的美感。

帽子上绣的扇子、宝剑、葫芦、玉板，分别是汉钟离、吕洞宾、铁拐李和曹国舅的法器，各具威能。在中国传统文化里，兔子承载了丰富的象征含义。首要的是，它作为吉祥的标志，因“兔”与“图”谐音，寓意深远，如“宏伟蓝图”，预示着辉煌的未来与事业上的成就。再者，兔子因强大的繁殖力，成为生命力旺盛与丰饶的象征，亦被视为好运的使者。另外，兔子还代表着长寿与美满。道家文化中，兔子常被描绘为仙人的伴骑，与月亮紧密相连，象征着永恒的生命与和谐美好的生活愿景。显然，这顶帽子的设计理念源自道教文化。

锦绣童帽——传世虎头帽文化图鉴

童帽

第二章

荷风送爽　清冠映日

一、帽圈

1 绿缎地堆锦盘金绣如意云纹兽面帽圈

此童帽形制为帽圈，多在夏季佩戴。其结构包括帽身及帽顶上的兽面装饰。该凉帽整体造型分为左右两部分，为左右对称的两片式，沿中线缝合。织绣技法方面，帽额及帽顶施用多种工艺技法塑造狮子形象：帽身上采用盘金绣勾勒出狮子面部、耳朵的花纹以及两侧、后侧的如意云装饰；面部中的耳朵、眼睛处采用了堆锦的装饰手法；面部及五官的边缘处均用钉线绣勾边修饰；耳朵及帽后侧皆有流苏装饰。该童帽造型较为立体，尤其是兽角部分、眉眼部分和鼻子部分，视觉冲击力强。耳朵向两侧自然垂下，整体造型较为圆润。配色方面，帽身主体为绿色，眼眸和牙齿处采用了黄色，面部上的线迹装饰则采用了金黄色，这两种颜色与绿色形成了鲜明的对比，突出了狮子的面部特征。粉红色流苏点缀在兽面的两侧及后侧，丰富了帽子的色彩构成，使帽子更具视觉层次感。整体色彩绚丽活泼但又和谐统一，体现出中国传统的色彩美学。材质上采用了传统的绸缎，柔软且富有光泽，以确保佩戴时的舒适性。

狮子是童帽中极具特色的一种类别，而兽在中国传统文化中象征着力量与勇敢，具有驱邪避灾的功能。兽为自然界中较为凶猛的动物，佩戴兽形童帽可以保佑儿童不受疾病的侵袭，健康成长。“兽”与“寿”谐音，寓意着长寿。除此之外，狮子在中国传统文化中扮演着重要的角色，它不仅是祥瑞的象征，还承载着人们对美好生活的期盼。这款凉帽是童帽中的佳作，充分体现了中国传统儿童服饰的艺术魅力和文化内涵。

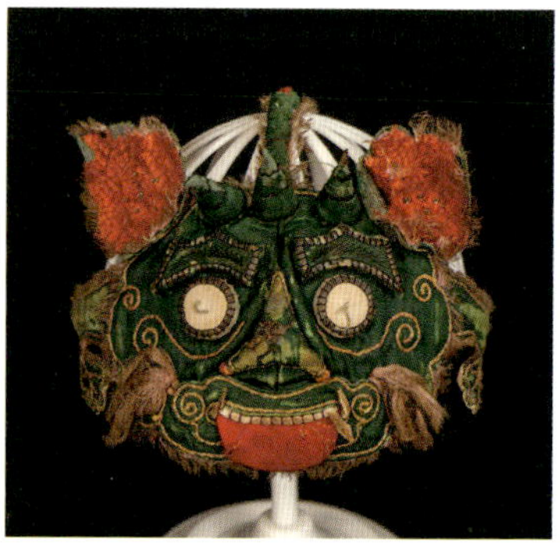

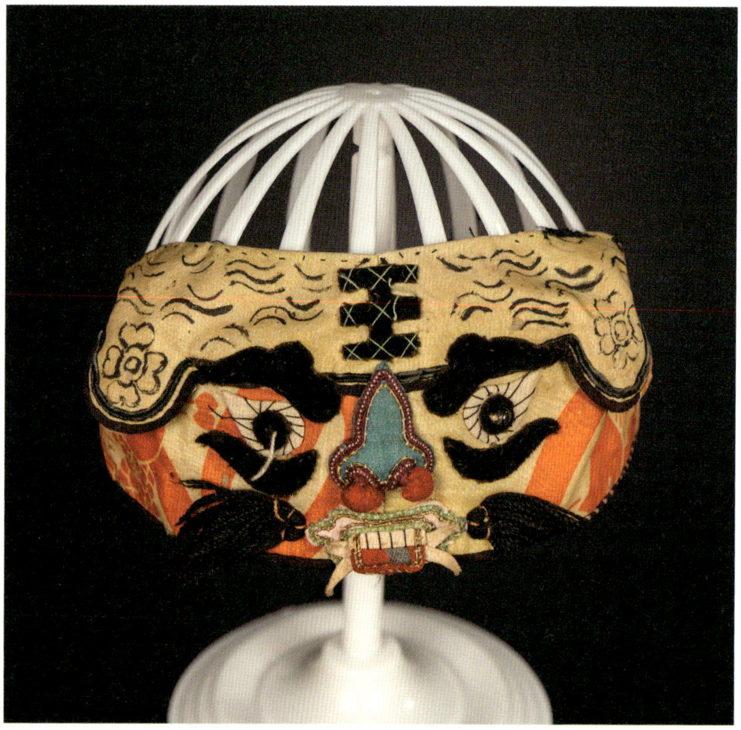

2 绿缎地堆锦盘金绣花卉纹狮头帽圈

此童帽形制为帽圈，一般在春夏之际佩戴较多。其结构为中心对称形式，包括帽身、帽额及顶部的装饰。在织绣技法上，帽身上采用盘金绣勾勒出兽面的两颊、两侧的云纹和兽尾的纹样。眼白部分采用堆锦工艺，眼珠部分以黑色面料为底，加黑色珠饰，增强立体感，生动地展现出兽目的炯炯有神。兽耳、兽眉和兽嘴都采用了立体的贴布绣装饰工艺，兽耳为单独两个裁片，采用平针绣手法，针脚紧密，色彩鲜艳。眉毛处采用粉色的丝线施以扇形刺绣来表示眉毛的走向，赋予了兽面生动憨厚的形象。牙齿以锁扣绣装饰，加上突出的舌头，使表情更加夸张生动。凸起的三根兽角部分和兽鼻部分，采用堆锦工艺显著提升了童帽视觉上的立体效果，兽鼻上点缀了卍字纹，有吉祥、幸福的寓意。兽嘴边缘、兽耳、兽眉和兽面边缘处均以棕色布料结合锁扣绣技法进行包边，起到固定和强调造型边缘的作用。兽耳、帽顶和帽身的下边缘部分皆围绕着毛边流苏装饰。配色方面，运用明亮且鲜艳的纯色调，使色彩在明度与色相上均展现出较大差异。帽身主体为绿色，兽面上的线迹装饰则采用了金黄色，刺绣部分采用了粉色，两种颜色与绿色形成鲜明对比，强化了兽面的面部表情。整体色彩的冷暖对比强烈，给人以绚丽夺目、喜庆热闹的视觉体验。

狮子头童帽，兼具实用与装饰之美，以高明度、高纯度的色彩搭配，营造出绚丽吉祥的氛围。其设计巧妙融入狮子形象，寓意勇敢威严、辟邪镇宅，寄托了长辈对孩子平安健康、远离灾难的美好祝愿。帽上绣制的吉祥图案，如牡丹，更添富贵荣华之意。

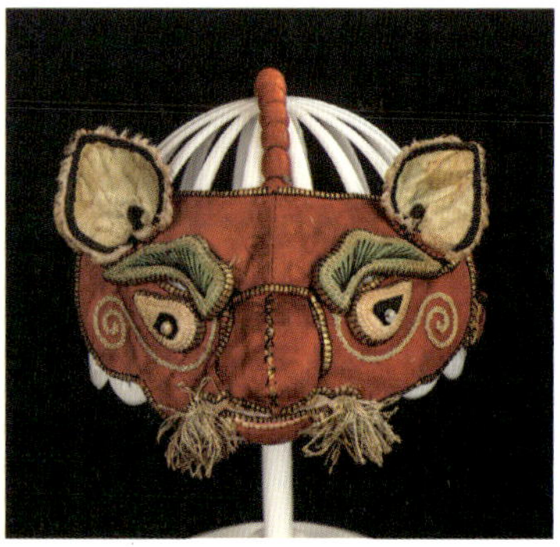

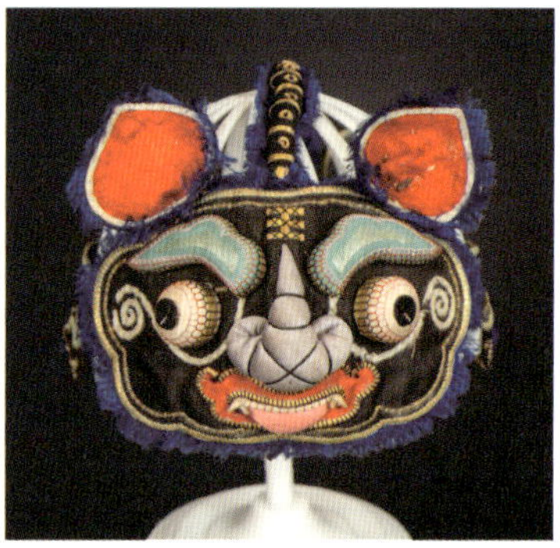

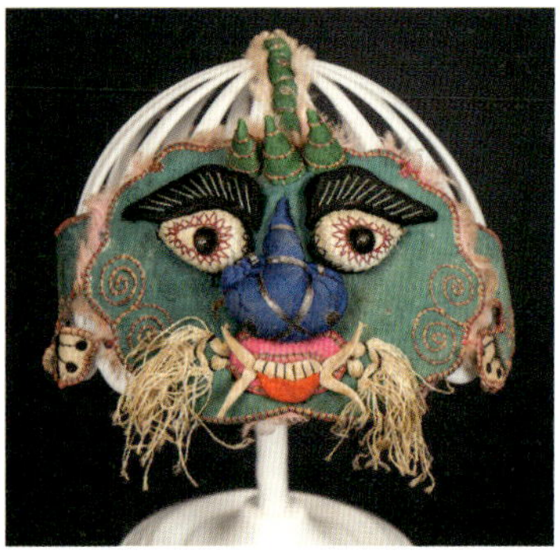

3 蓝缎地堆锦毛边钉珠狮头帽圈

此童帽形制为帽圈，多在夏季佩戴。其结构包括帽身与顶部带饰。织绣技法方面，帽身运用包梗绣绣制出狮头、狮身与狮尾的轮廓，顶部镂空，用一布带连接头与尾，固定帽身结构。帽身的狮头用堆锦的技法塑造出夸张的狮鼻，另加三个圆锥形触角，狮头眉、眼、嘴部都使用其他颜色的贴布作区分，眼珠使用黑色钉珠，面部也有若干细小的透明钉珠装饰。嘴部轮廓以及面部下方都以钉线绣绣出旋涡状花纹。面部两侧盖两片同色的布片作狮耳，以平针绣的技法绣出两朵相同的红花，同样以若干透明钉珠做装饰点缀。帽身两侧则修剪成类似动物身体的形状，也以钉线绣描边并绣出旋涡状花纹，帽身背面以同样的技法制成狮尾。此凉帽所有布片部分均在最外圈固定了白色的毛边，使得狮子的形象更加生动且具有童趣。此帽圈使用多彩绣线，集包梗绣、贴布绣、平针绣等多种绣技于一身。配色方面，帽子整体以湖蓝为主，点缀以红色和白色。蓝色是沉稳大方的颜色，而使用湖蓝这类较浅色的颜色又为童帽增添了一份活泼，并且狮头面部以大红色贴布作为舌头，两耳处又有大红色绣花，使帽身色彩更加丰富和鲜亮。包梗绣的绣线使用了玫红，钉线绣描边也使用了亮黄色，都是点缀帽身色彩的部分，使得帽身既沉稳又活泼，十分和谐，使人眼前一亮。

此顶帽圈洋溢着浓郁的传统文化韵味，狮子象征着勇猛强壮，寄托了亲人对孩童茁壮成长的美好寓意；狮子在佛教传说中是文殊菩萨的坐骑，被视为护法神兽，其形象因此被赋予了神圣与威严的寓意，所以人们也认为其有镇宅、驱邪的作用，但无论是哪种寓意，都是民间百姓对孩童的美好祝愿。

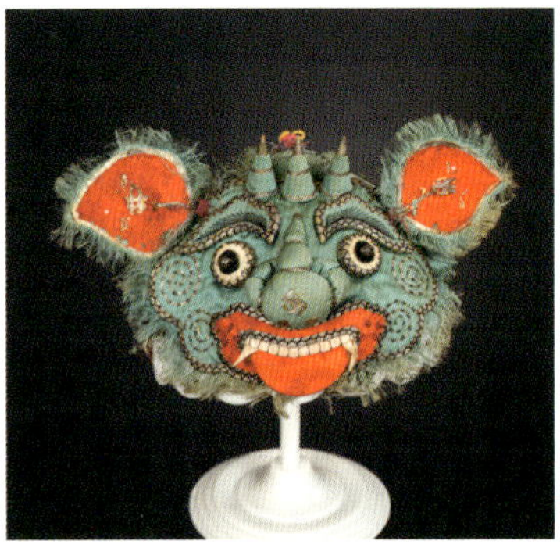

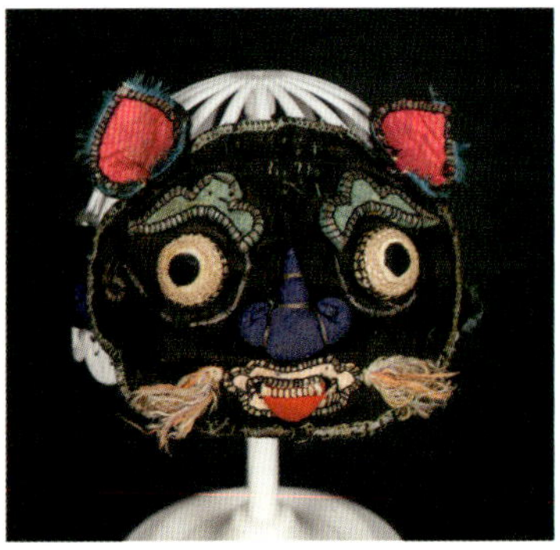

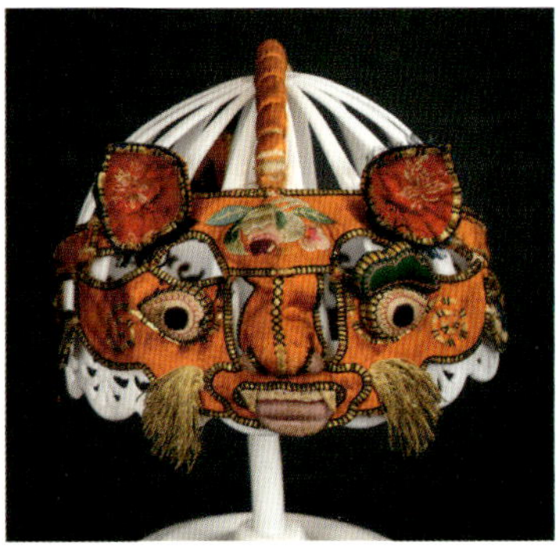

4 黑缎地堆锦花卉纹牛首帽圈

这顶帽饰属于帽圈，适宜夏季佩戴。其结构包括帽额和帽身两个部分。帽额以牛首为形，左右对称式，后重合包围，缝牛尾。织绣技法方面，帽额和帽身施用多种工艺技法塑造牛首形象：整体采用钉线绣勾勒；嘴部采用贴绣工艺，形态饱满；眼部使用浮雕拔工艺，塑造立体效果；牛耳和牛尾有彩色花卉纹样刺绣；牛首周围及胡须缀有流苏装饰；金色描边更添几分精致和匠心。配色方面：主体采用黑色，沉稳内敛；牛首面部各部位采用多种亮色，如橙色、黄色、绿色等，突出五官；牛鼻使用蓝色充形并用扎线包裹，立体且不失和谐；牛齿和牛舌则用白色和肉粉色，与嘴部橙色融合，相得益彰；脸周运用绿色流苏，彰显脸部轮廓线条，体现了视觉层次。材质选择上，此帽采用多种传统织物：主体为黑色绸缎，富有光泽感；帽身一部分拼有肉色棉质面料。

此帽圈装饰性强，牛首造型形象生动，视觉效果突出，展现可爱、憨态之姿。古人认为牛拥有五行中的土属性和水属性的神力，有勤劳致富和风调雨顺的吉祥寓意。牛还与财富和成功紧密相关，被视为能够消除灾难、带来祥瑞的瑞兽，代表着权利与成功，是尊贵的象征。牛首帽在儿童满月、生日、节庆日时佩戴，更添喜庆氛围。

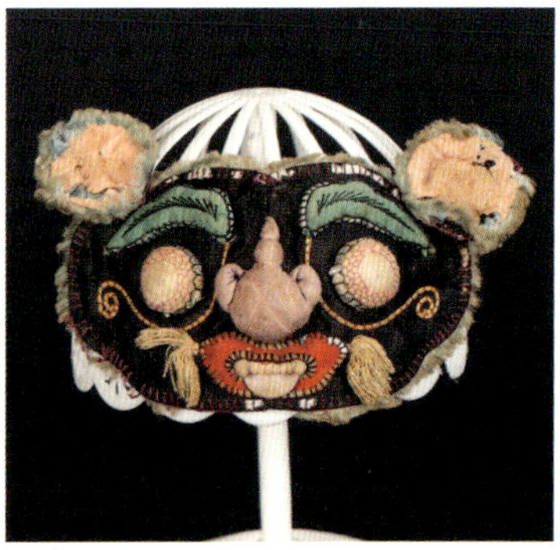

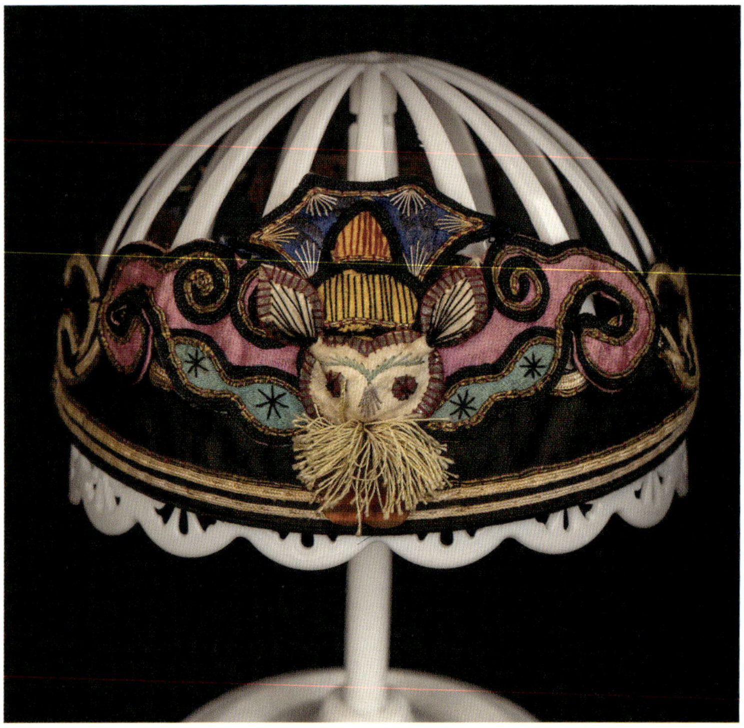

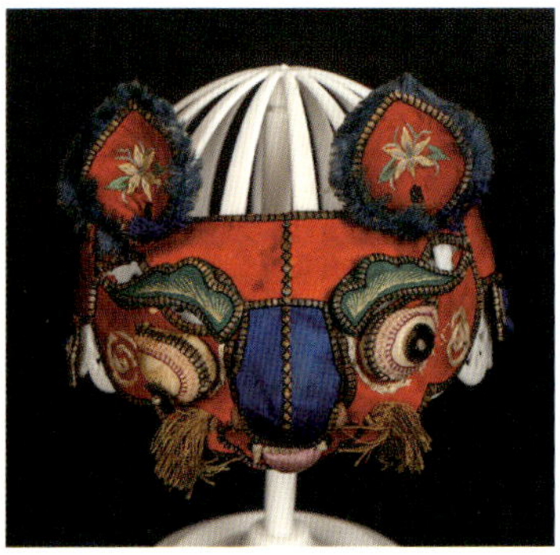

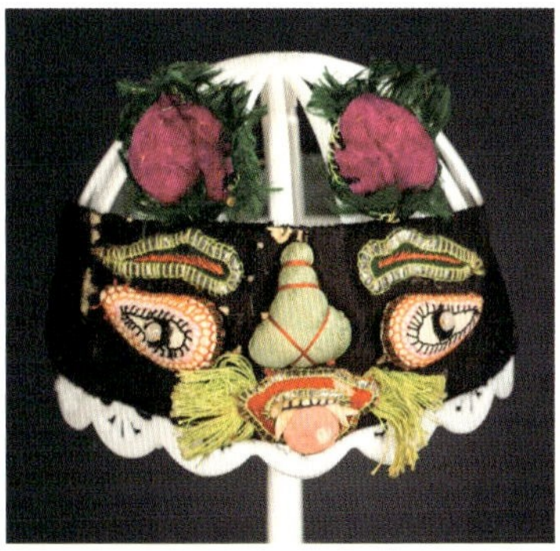

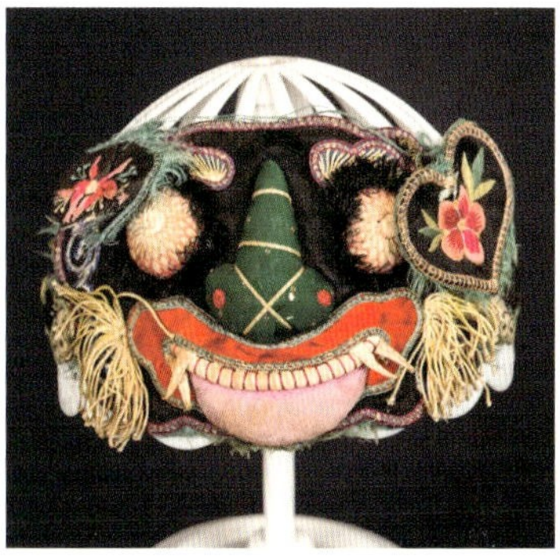

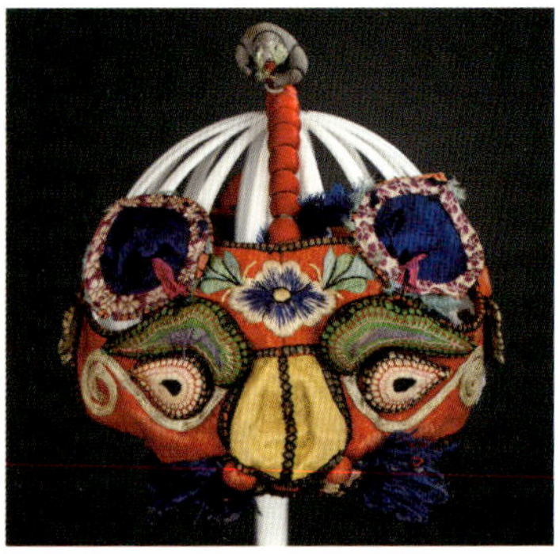

5 黑缎地堆锦绦子边花卉纹虎头帽圈

此童帽形制为帽圈，一般在春夏之际佩戴。其结构为中心对称形式，包括帽身、帽额及顶部的装饰。在织绣技法上，帽身后侧有浅蓝色流苏装饰，覆上绦子边工艺装饰，再用金色布条装饰边缘，帽身后檐以深蓝色长绳条装饰。眼睛和眉毛部分采用了堆锦装饰工艺，呈水滴形，以金色布料围绕眼眶，结合钉线绣技法进行包边；眼珠部分以黑色面料为底，点缀金色作为眼睛的高光；眉毛上将布料裁剪成锯齿状，来表示眉毛的走向，展现出兽目栩栩如生、目光锐利而深邃的神采。兽耳为单独两个裁片，边框使用带花卉纹的绦子边装饰，内部布满了精心设计的花卉纹样，以紫色、绿色和蓝色为主色调，巧妙地融合了植物元素。兽嘴部分，采用钉线绣绕嘴一周，将金色与白色以锁扣绣框出嘴部形状，加上牙齿与舌头，塑造出一只夸张怪诞、生动活泼的虎首造型。兽鼻部分，形态古怪，呈三角形，采用堆锦工艺显著提升了视觉上的立体效果，突显了虎头的神情表达能力。兽面边缘处以金色布料进行边缘装饰，起到固定和强调造型边缘的作用。帽顶部分同样以金色缘边，再结合锁扣绣技法进行包边，最后用纯色的彩线搭配平绣技法点缀。配色方面，以黑色为底，再辅以其他纯度高的颜色作为搭配色，体现了童帽斑斓多彩的配色之美。面部的金色、紫红色和白色在黑色的衬托之下更加醒目，使得老虎更加憨态可掬、活泼可爱。耳朵及侧面，蓝色、粉色、黄色与绿色的巧妙搭配，不仅丰富了视觉层次，更展现出强烈的艺术感。

虎头帽作为中国民间儿童服饰的瑰宝，历史悠久，深植于虎图腾文化之中。它不仅是一件服饰，更是长辈对晚辈健康成长、幸福生活的美好祈愿。其独特造型融合勇猛与吉祥，鲜艳色彩映照出童年的活力与纯真。虎头帽不仅是传统文化的传承，也是家庭中的温馨记忆，见证着孩子们的成长与梦想，传递着中华民族对美好生活的向往与追求。

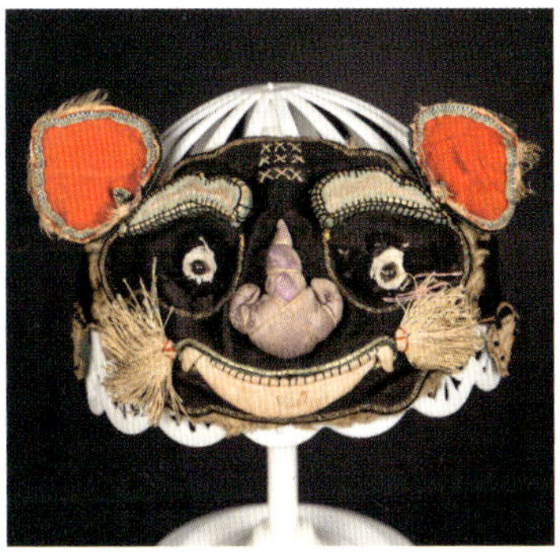

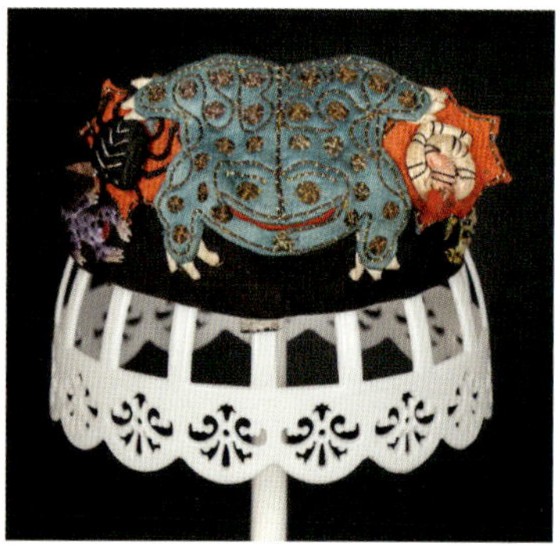

6 黑缎地堆锦花卉纹虎头帽圈

此童帽形制为帽圈，多在夏季佩戴。其结构包括帽身、帽额、帽尾三部分，即虎头、虎身、虎尾。该凉帽为左右对称的两片式，沿中线缝合。织绣技法方面，该帽施用多种工艺技法塑造老虎形象。老虎轮廓处的缘饰有两层，其外一层用包梗绣，其里一层用盘金绣。两种绣法交替使用，增强了视觉表现力。老虎鼻子、眼睛、眉毛使用了堆锦的工艺。老虎耳朵处则运用平绣的手法绣有花草纹样。此外，老虎耳朵、面部周围以及尾巴处以流苏作装饰。该虎头帽有着柔和的轮廓，老虎耳朵、眼睛、鼻子以及尾部都采用了较为圆润的形态，突出了小老虎憨态可掬的外观特征。耳朵、尾巴向上翘起更是将老虎的灵巧展现了出来。配色方面，帽身主体为黑色，眼眸、耳朵、爪子和牙齿处采用了黄色，眉毛采用了蓝绿色，额头的“王”字装饰则采用了红色。后三种颜色与黑色形成了鲜明的对比，突出了老虎的面部特征。兽面的四周及尾部有蓝色流苏点缀，进一步增强了帽子的造型感。整体色彩充满活力且统一平衡，体现出中国传统的色彩美学。材质上采用了传统的绸缎，柔软且富有光泽，确保了佩戴时的舒适性。

虎头帽是童帽中极具代表性的一类，在中国传统文化中，老虎象征着力量与勇气，并具备辟邪化灾的作用。人们期望老虎保佑孩童健康成长。此外，老虎在中国传统文化中具有重要地位，既象征吉祥如意，也寄托了人们对幸福生活的向往。这顶帽圈是童帽中的精品，完美展现了中国传统儿童服饰的艺术魅力和深厚的文化底蕴。

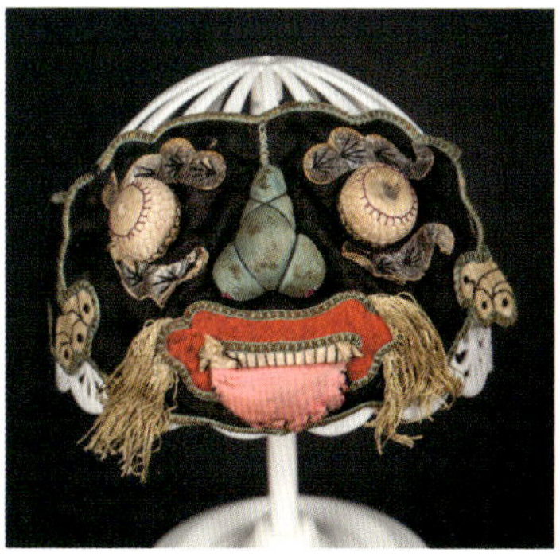

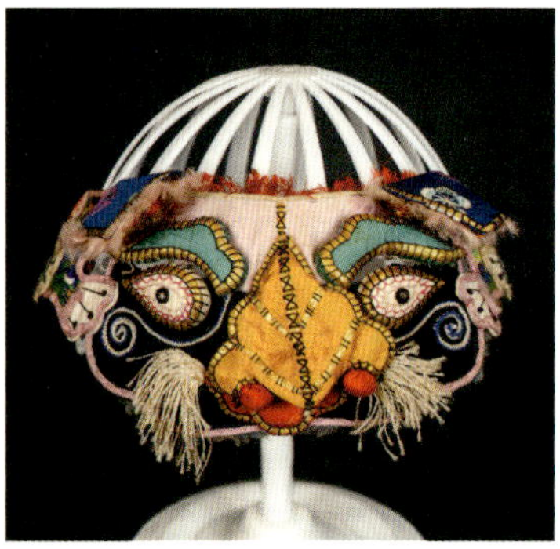

7 绿缎地堆锦贴金麒麟帽圈

此童帽形制为帽圈，多在夏季佩戴。该帽为左右对称的两片式，整体造型分为左右两部分，沿中线缝合。在织绣技法上，帽身上侧巧妙地镶嵌了绲边装饰，为整顶帽子增添了一抹细腻与雅致。更令人瞩目的是，整个帽身被独具匠心地塑造为一个栩栩如生的麒麟形象。麒麟的边缘部分，运用了贴金工艺与包梗绣的精湛技艺，显得华丽夺目，内侧亦以贴金工艺加以点缀，更添一份尊贵与典雅。麒麟的眼睛、眉毛以及头上的角，则采用了堆锦工艺，使得每一处细节都栩栩如生，仿佛赋予了麒麟生命。眼睛处巧妙地运用了流苏工艺，塑造出轻盈灵动的睫毛，嘴巴两侧同样以流苏工艺勾勒出飘逸的胡须，为麒麟的形象增添了几分生动与趣味。眉毛与鼻子处的纹样，同样以贴金工艺精心雕琢，与整体设计相得益彰。麒麟嘴中含着一枚色彩斑斓的彩球，球内镶嵌着四色花瓣，寓意着四季平安、花开富贵。彩球的边缘同样以绲边装饰，下方悬挂着流苏，为整顶帽子增添了几分灵动与飘逸。此外，帽尾处与帽子内侧亦装饰有流苏，随着佩戴者的步伐轻轻摇曳，更添一份灵动与活力。帽顶之上，有一只用堆锦工艺精心打造的瑞兽，与麒麟遥相呼应，共同守护着佩戴者。配色方面，帽身主体颜色为绿色，其上有金色作图案装饰。流苏有黑色、粉色和蓝色。整体色彩艳丽大方，彰显了传统色彩美学的魅力。

这款儿童帽设计独特，以中国传统吉祥神兽麒麟为整体造型，展现了中国传统服饰的艺术精髓与深厚的文化内涵。帽身巧妙地将麒麟的形态与儿童帽的结构相结合，使得整顶帽子宛如一只威风凛凛的麒麟，跃然于孩童的头顶。麒麟在中国文化中被誉为瑞兽，象征着吉祥、幸福与和平，寓意孩子将拥有美好的未来和无限的潜力。

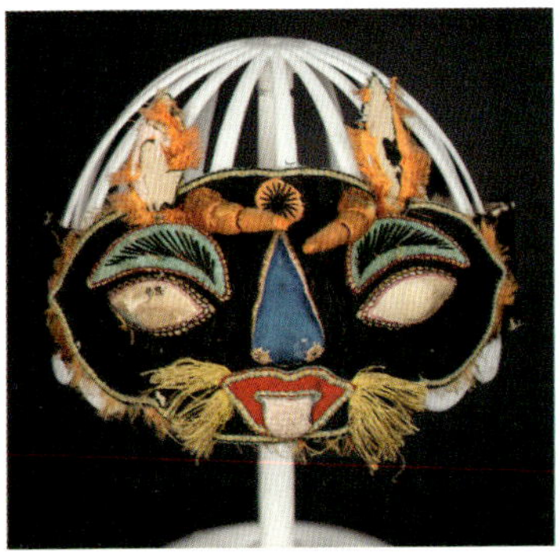

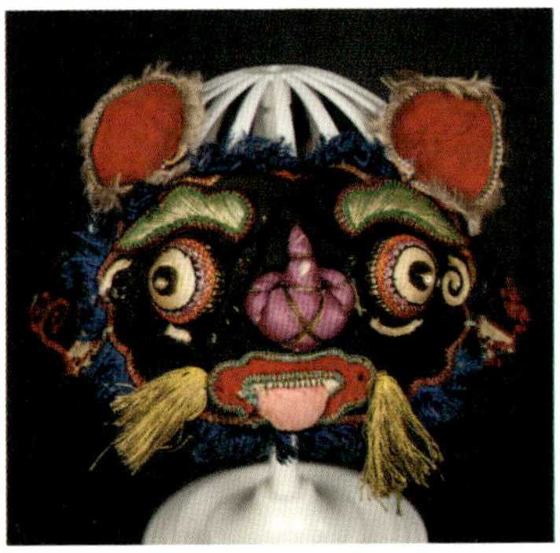
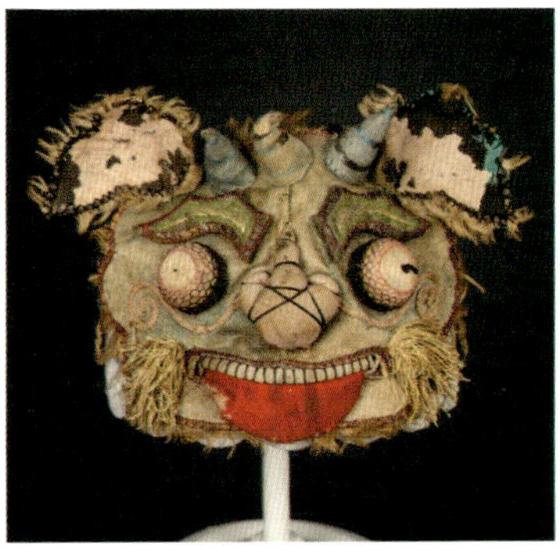

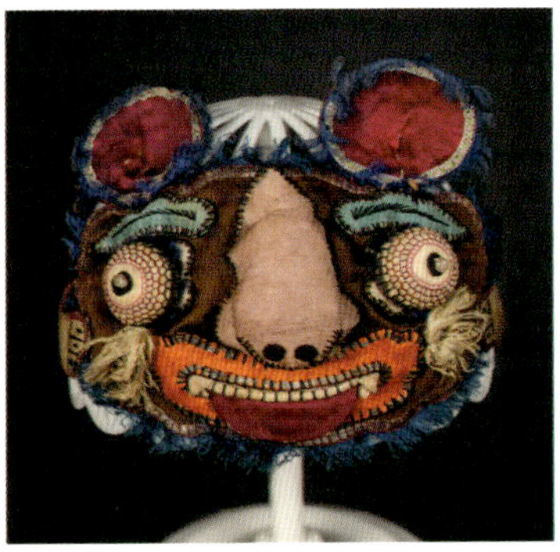

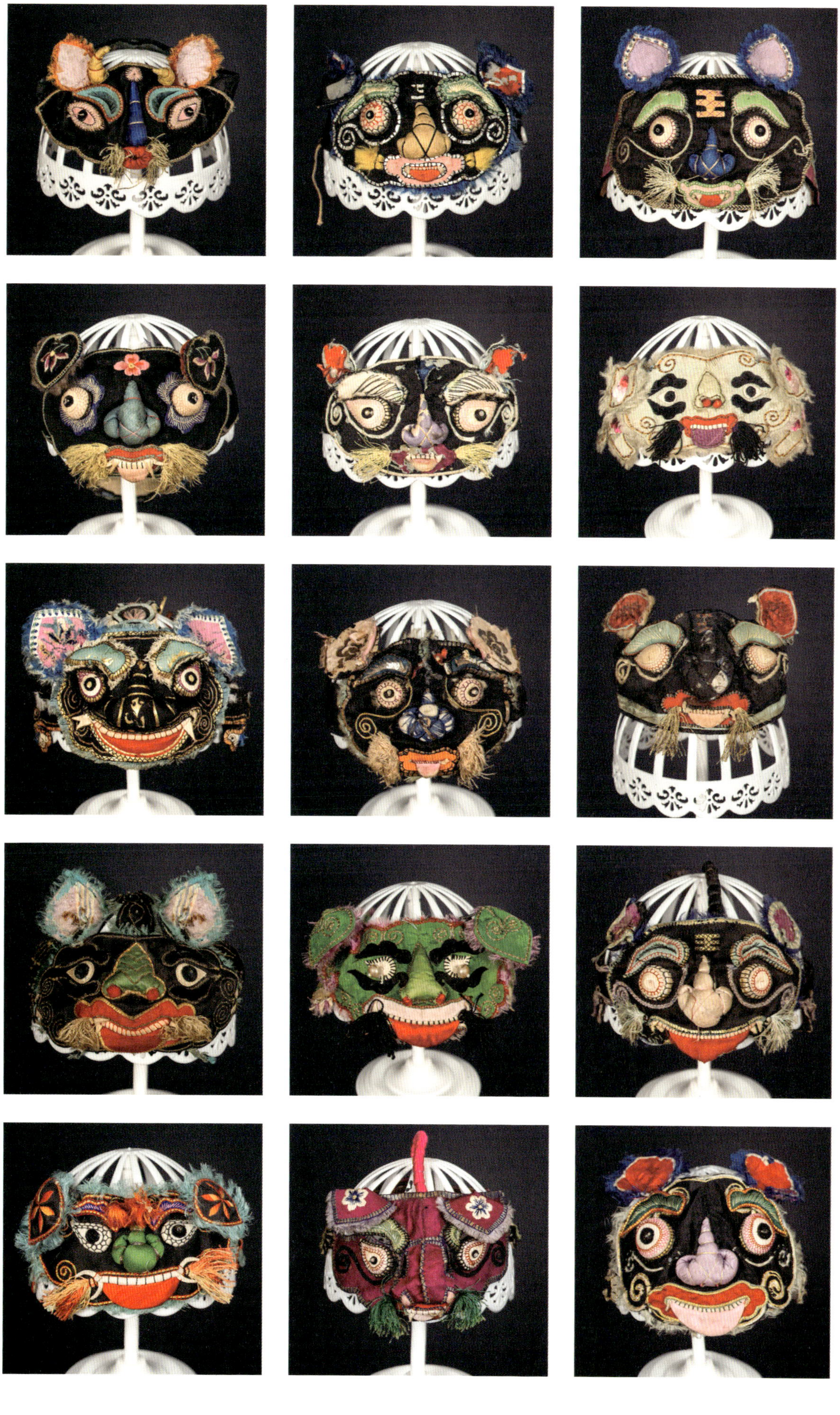

8 黑缎地贴布绣堆锦『五毒』帽圈

此童帽形制为帽圈，多在夏季佩戴。该帽为左右对称的两片式，整体造型分为左右两部分，沿中线缝合。该帽以黑色缎面作为里布，上方印有菱格纹样。织绣技法方面，纹样的正面中间采用贴布绣技法绣制了一只蟾蜍，蟾蜍背上使用钉珠工艺作出疙瘩的形状，使用盘金绣绣法围绕蟾蜍的边缘进行绣制，蟾蜍的中心使用浮雕拔绣制出脊背和鼻子，十分生动形象。蟾蜍的左侧使用堆锦工艺和浮雕拔工艺绣制了一只蝎子，蟾蜍右侧采用浮雕拔和打籽绣工艺绣制了一只壁虎。蝎子左侧采用贴布绣技法绣制蛛网，蛛网的边缘使用盘金绣技法，蛛网上盘着一只使用浮雕拔工艺绣制的蛇。壁虎右侧的蛛网上绣制了一只蜘蛛。蟾蜍下方使用长短针绣法绣制了一圈花朵和枝叶。配色方面，以黑色、黄色为主色，灰色、粉色、绿色为辅助色。黑色庄重典雅，黄色华贵，整体色彩虽然繁复却很和谐，展现出中国古代极高的审美水平。

这顶帽圈采用众多织绣手工技法，繁复精致，展现出中国古代织绣技法的极高水准，体现着中国传统文化的魅力。特别值得一提的是，五毒纹样寓意着驱毒避瘟、保佑平安的美好愿望。古人认为，五毒纹样能够驱除邪恶，保护人们免受疾病的侵扰，特别是在端午节期间，人们挂五毒图于门户或在儿童手臂、身上佩戴五毒形象饰物，可以求平安。

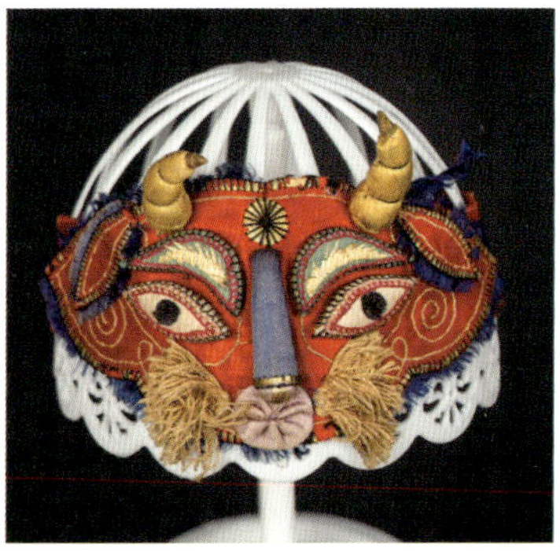

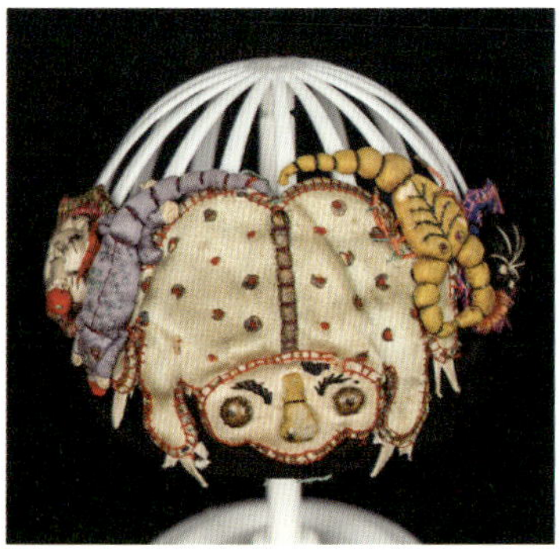

9 黑缎地堆锦花卉『五毒』帽圈

此童帽形制为凉帽，多在夏季佩戴。该凉帽为左右对称的两片式，整体造型分为左右两部分，沿中线缝合。织绣技法方面，帽身下侧有黑色绲边装饰，帽身前侧有用平绣工艺绣成的荷花组合纹样，其上有用堆锦工艺制成的蟾蜍图样，眉毛用平绣工艺，其内侧用盘金绣勾勒缘边。两侧还有用堆锦工艺制成的蝎子、壁虎、蛇和蜘蛛造型，帽身两侧分别有一花朵形的布片，其中有用堆锦工艺制成的漩涡状立体装饰。配色方面，帽身主体颜色为黑色，蟾蜍的颜色为绿色，其中以黄色、红色和黑色点缀，两侧的壁虎和蝎子分别为灰色和黄色，其中以红色、金色和黑色作点缀，蛇和蜘蛛为黑色，以红色和白色为点缀，整体色彩的搭配富有真实感的同时又保留了传统色彩的韵味。在材质的选择上，这顶帽子采用了经典的绸缎面料，其质地柔软且富有光泽，不仅触感舒适，更展现出一种典雅而高贵的气质。

这顶儿童帽设计精美，除了“五毒”的形象，还巧妙地将自然元素荷花一起融入其中。荷花花瓣层层叠叠，形态优雅，象征着纯洁高雅、清正廉洁的品格。荷花之上，有一只栩栩如生的蟾蜍，蟾蜍在中国文化中常被视为生命力旺盛、活泼机智的象征，寓意着孩子充满活力、健康成长。蟾蜍与荷花的结合，不仅增添了帽子的趣味性和生动性，更寓意着孩子如同荷花般纯洁无瑕，又如同蟾蜍般充满生机与活力，是对孩子未来充满美好祝愿与期许的艺术表达。

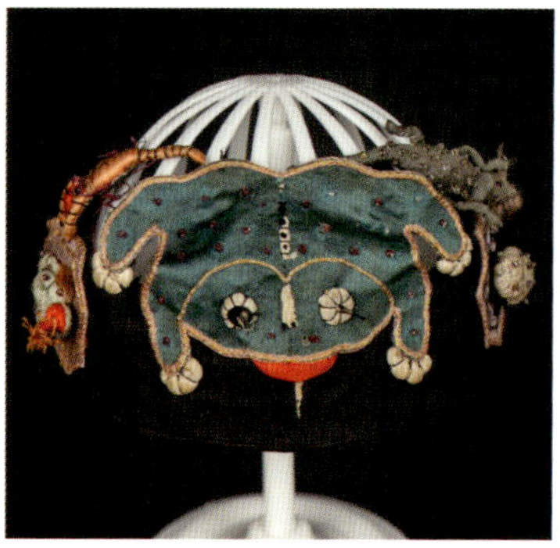

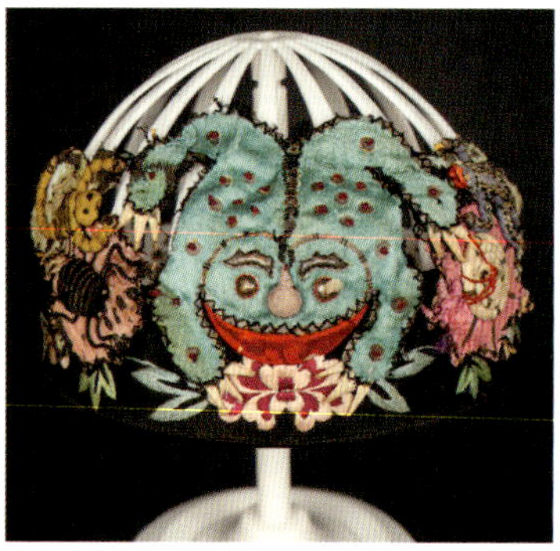

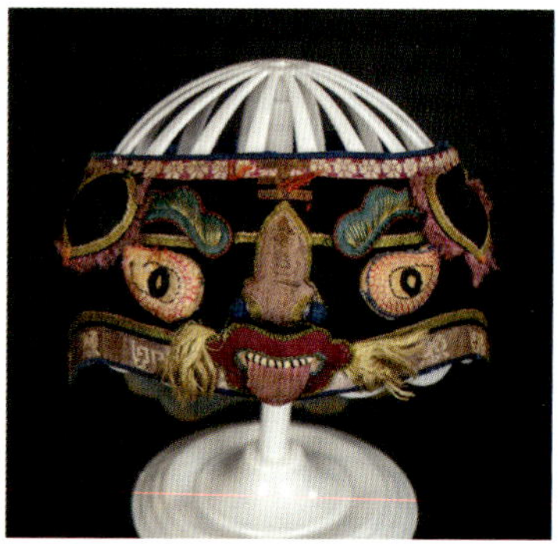

10

黑布地镂空钉线绣洒针蝙蝠帽圈

该童帽属帽圈类型，适合夏季佩戴。其结构为简洁的圈形，空顶前宽后窄，为左右对称的两片式，沿中线缝合，然后头尾相接，后中两端做缝合处理，且左右两端前后叠搭，用针脚较大的平针缝合，便于调整围度大小。虽然这顶童帽的材质仅为朴素的黑布，但却运用钉线绣将蝙蝠图案钉绣在织物表面。蝙蝠的耳朵、身体处用淡绿色丝线做洒针绣，形成放射性的视觉效果，结合运用平针绣的五官，形成点线面一体的视觉效果。此顶童帽虽然装饰技法单一，却不单调，整体看上去主题清晰，表达明确，祈福寓意一目了然。其造型介于立体与扁平之间，不似直接在面料上刺绣那样平坦，以堆砌、镂空、拼接等方式体现蝙蝠跃跃欲飞的姿态，嘴角的毛絮更显飘逸。就其配色而言，以黑色为底色符合蝙蝠的自然形态，黄、绿邻近色与红、绿对比色巧妙结合，既保持和谐统一，又彰显个性活力。红色锁边线强化图案轮廓，成为视觉焦点，传递出“福”的热烈与喜庆。整体配色在比例、平衡、呼应上处理得当，展现出色彩的秩序与层次。

蝙蝠因与“福”字谐音，自古就代表幸福，并将蝙蝠的飞临，赋予“进福”的寓意，希望幸福会像蝙蝠那样自天而降。此外，蝙蝠的读音本身就是一个好口彩——“遍福”，寓意遍地是福、幸福无边，体现父母对孩子质朴的爱。

11 黑缎地毛边刺绣花卉猪头帽圈

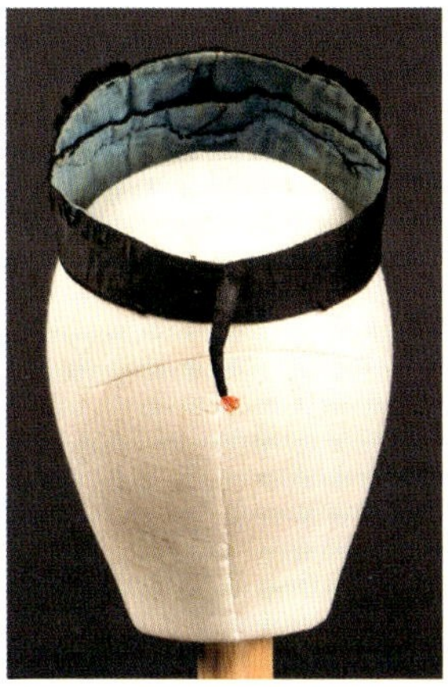

该童帽属帽圈类型，适合夏季佩戴。其结构为简洁的圈形，空顶前宽后窄，为左右对称的两片式，沿中线缝合，然后头尾相接，猪脸则拼接在帽身上方。织绣技法方面，花卉、叶片及猪眼均用平针绣制出平整均匀的样式，猪脸轮廓及花卉枝茎处用滚针绣制成流畅曲线，猪鼻及猪耳处先用嵌条包边，再用三角式样的线迹固定，突出猪鼻和猪耳的立体效果。猪脸正中与猪耳周围用黑色毛边做装饰，猪尾还用红色流苏生动体现。该猪头帽造型稍立体，猪鼻处塑造出拱起的形态，猪耳通过堆叠的方式悬垂在猪脸旁，搭配细长的眼睛和帽后突出的猪尾，将猪的形象描绘得生动有趣。该帽配色精妙且富有童趣，以黑色为基底，花卉图案巧妙运用中差色与类似色搭配，如粉色与绿色，既丰富了视觉层次，又与黑色形成对比，色彩柔和不刺眼。图案与底色平衡和谐，色彩分布有序，既强调图案的生动性，又保持整体统一与变化，传递出温馨与活力，完美契合儿童帽子的角色定位。材质上里外采用不同织物，外层为黑色缎料，里衬为柔软的蓝色棉质面料，以确保佩戴舒适性。

在民间，猪不仅象征着丰收与财富，还承载着另一种吉祥含义。古时，每当科举考试来临，商家便会特地烹煮熟猪蹄进行售卖，这是因为“熟蹄”与“熟题”发音相同；并且“猪”与“诸”谐音，所以猪又寓意着诸事如意。另外，父母们都希望成长中的孩子能像小猪那样，吃得香甜，睡得安稳，无忧无虑，从而拥有一个强健的体魄。

12 黑缎地堆锦贴布绣公鸡帽圈

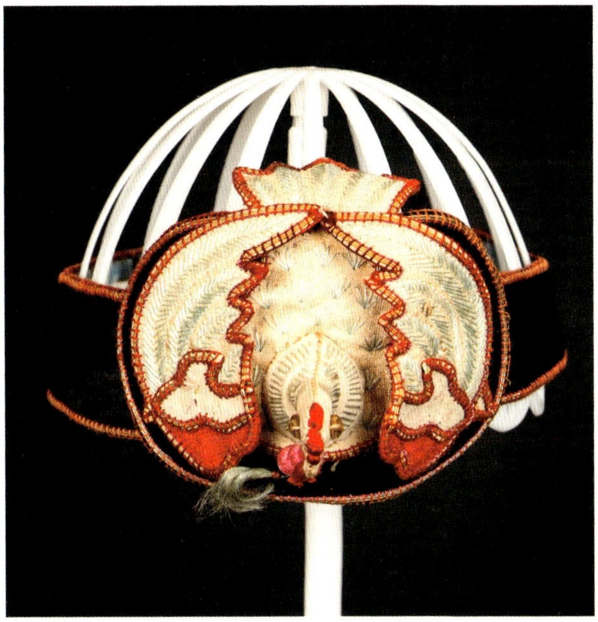

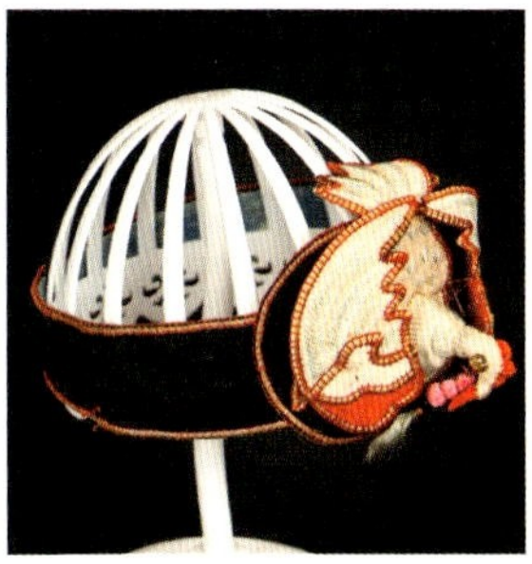

此童帽形制归于帽圈一类，结构有帽身和帽额两部分。就织绣技艺而言，帽圈边缘以及公鸡身体、翅膀都以先盘金后包梗绣固定的手法勾勒。在公鸡的身上和翅膀上有彩线平绣模仿羽毛的纹理，此帽织绣技艺所用技法不多，主要用于辅助和强调主体物的立体造型。此帽最出彩的部分即为正前方堆锦与贴布共同组成的公鸡造型，公鸡头部朝前，设计十分独特。公鸡底部以帽圈同色的布片作为底座，公鸡翅膀、身体和尾羽都由贴布构成，公鸡上半身与公鸡头则为突出的堆锦，公鸡眼睛是两个亮黄色的串珠，公鸡的肉髯用一葫芦造型的堆锦构成，下方也有一串珠，再串一流苏，造型丰富多彩。色彩搭配上以黑为地，突出了公鸡主体的米白色，又添加许多红色作为点缀和包边，使得整个色彩搭配虽亮眼却不乱，彼此相互配合。黑色使得整顶帽子的基调非常稳定，后再加红、金、白也得以巧妙融合，在公鸡米白色的身躯上又有更浅一色的彩线，丰富主体物的同时不会喧宾夺主。

此帽圈设计独特，同时使用堆锦和贴布两种造型方式，且主体物形态和方向都独具一格。公鸡在我国优秀传统文化中也具有积极寓意，古时计时器尚未发明，公鸡每天准时鸣叫，因此寓意勤劳、守信、认真负责，也象征着光明和希望。鸡与“吉”谐音，因此公鸡纹样常被用来寓意大吉大利。公鸡头顶上有硕大的红艳鸡冠，取谐音“官”，寓意官运亨通、官场得意、平步青云。在瓷器等工艺品上，有时会将母鸡与五只雏鸡嬉戏于窠的图案与公鸡纹样相结合，寓意五子登科，即科考金榜题名。每一种含义都包含着亲人对孩童在未来能够顺心如意、幸福安康的美好祝愿。

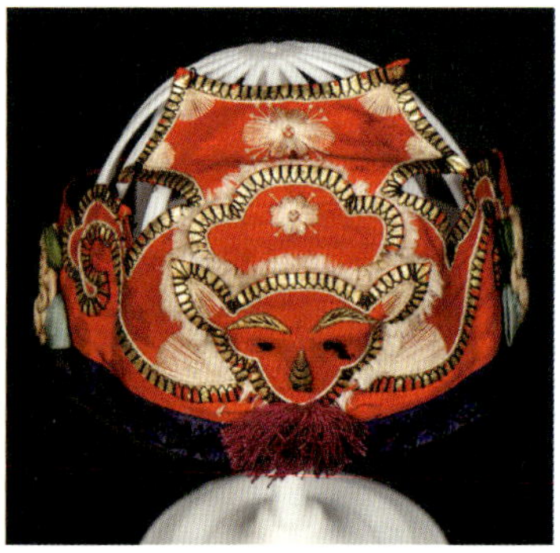

13 红缎地堆锦贴布绣人物兽首帽圈

这顶帽饰属于帽圈类型，多在夏季佩戴。其结构包括帽额和帽身两个部分。帽身沿后中线缝合。帽额主体为人物兽首造型，兽首有犄角，兽上人物张爪持鞭，兽口两侧饰荷花。织绣技法方面，帽额施用多种工艺技法塑造兽首形象：眼睛、鼻子等五官采用贴布绣工艺，形态逼真，兽上人物以布包棉充形，使用深色线迹绣出五官和毛发，兽口左右两边的荷花以各瓣拼连缝制成型，兽耳两侧缀有流苏装饰。该帽色彩明艳，形象突出，整体造型生动，配色方面：帽身采用红色，以紫色织线钩边；帽额兽首部分以亮红色突出面部轮廓；眼睛、鼻子、犄角用棉白色表达立体效果；绿色织布缝合粉白色荷花插在兽口两侧，削弱了兽首的凌厉感，金色流苏缝挂在耳上，更添一丝精致的柔和感；兽上小人同样以棉白色塑造人物形态，自然融合，发辫和服装以亮粉色区分，具有点睛效果。材质选择上，此帽采用多种传统织物，主体为红色绸缎，富有光泽，兽首织物上绣有流动粉紫线迹，增加了面部肌理感和丰富度，帽里为蓝色棉质面料，柔软舒适。

此帽圈的人物兽首造型，兽勇猛强壮的本义引申出“辟邪”“茁壮成长”的美好寓意，荷花代表着纯洁高尚的品质。该帽是父母对孩子健康成长、无拘无束，勇敢面对生活挑战的美好祝愿。孩童佩戴它，会一路披荆斩棘，前程似锦。

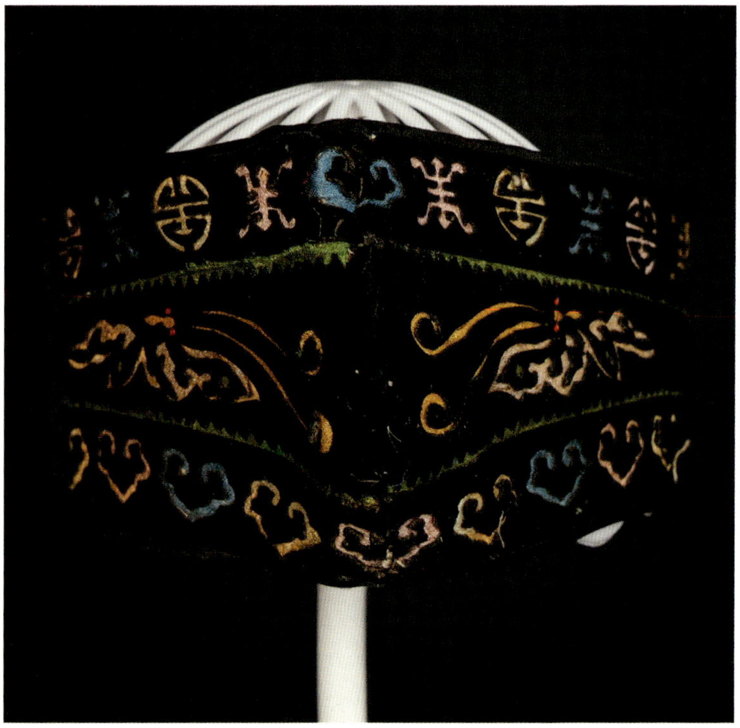

14 黑缎地刺绣莲花纹『两世欢』帽圈

这顶帽饰属于帽圈类型，适宜春夏季节佩戴。其结构包括帽额和帽身两个部分。该帽整体为对称式，沿后中线缝合。帽额覆盖额头，以多色花瓣型裁片堆叠成荷花状。织绣技法方面，帽额和帽身施用多种工艺技法塑造莲花和莲蓬形象：整体轮廓采用钉线绣勾勒，花瓣使用贴绣工艺，在花布四周用针线滚边，莲蓬部分以多片裁片塑造立体形象，里部有流苏装饰，蓬顶饰有珍珠。该帽立体感十足，装饰性强，尤以顶部和前部，视觉效果突出，整体造型生动形象。配色方面，帽身主体采用沉稳的黑色，莲花部分以多种亮色，如红色、橙色、蓝色丰富塑造，莲蓬部分以亮黄色增强视觉效果。莲花两侧渐以藏蓝色如意形片作底，色彩搭配和谐统一，增加了视觉层次感。材质上，此帽采用多种传统织物，底层为黑色棉质面料，侧面为藏蓝色棉质面料，柔软舒适，上有彩色荷花纹绣，写实生动，面上为各色绸缎，单色荷花纹样清晰可见，富有光泽感，彰显了高贵气质。

此帽在帽圈中较为典型，在固发的基础上具有很强的装饰功能。莲花和莲蓬，两者虽姿态万千、形态各异，却同根共生、紧密相连。“两世欢”不仅是对这一自然现象的描绘，更蕴含着对世间美好事物恒久不变的深切祈愿，表达了对生命中重要关系的无比珍视。

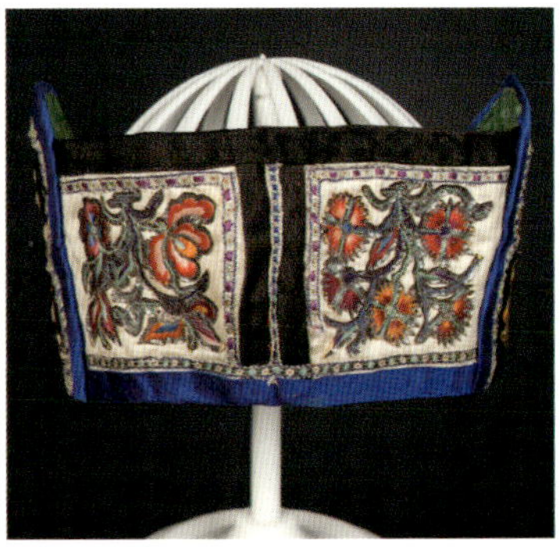

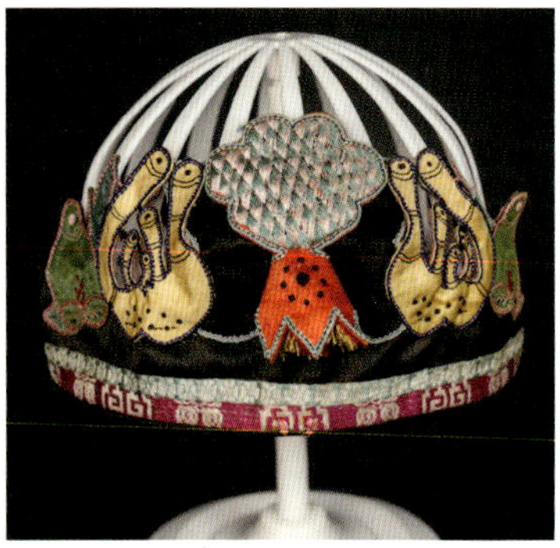

15 黑缎地刺绣佛手纹帽圈

这顶童帽属于帽圈类型，适合夏季佩戴。其结构包括帽额、帽身两个部分。帽额可覆盖额头。帽身为左右对称的两片式，沿中线缝合，帽额为不对称一片式佛手纹样，帽额固定在前中。织绣技法方面，帽身运用平绣法绣制出花卉纹，顶部镂空。帽额运用平绣的技法塑造出佛手造型，佛手图案在帽额中央横向贴附，左右各延伸出形态优美的淡绿色枝叶，线条流畅，增添自然的生动感。佛手及枝叶边缘处用钉线绣镶嵌金线点缀，更显精致，图案造型完整，栩栩如生。帽额前用平针绣绣制花卉纹，左右延伸出对称花枝至佛手边缘，与佛手的枝叶相映成趣。左右花枝顶部各有一大一小两个花苞。帽身图案小巧精致，与帽额图案形成繁简对比。配色方面，帽子整体以黑色、橙色和绿色为主，紫粉色点缀。帽额纹样以橙色佛手作为主要色调，佛手纹样内部用刺绣技法绣出黄橙渐变效果，增加层次感，凸显活力与生机，与柔和的绿色枝叶相得益彰，具有明艳的视觉效果。金色边饰为帽子增添了一份华贵感。帽身纹样中心是紫白渐变的花卉，中心由橙色点缀，淡绿色花枝顶部花苞一粉一黄，粉色花包内部由橙色点缀，与帽额形成差异的同时又遥相呼应。整体色彩搭配鲜明而和谐，体现出传统服饰的色彩美学。

此顶帽圈充分展现了中国传统儿童服饰深厚的文化底蕴和艺术审美。帽额上的佛手刺绣花样象征着福气满满，保佑孩子远离邪恶和不幸。

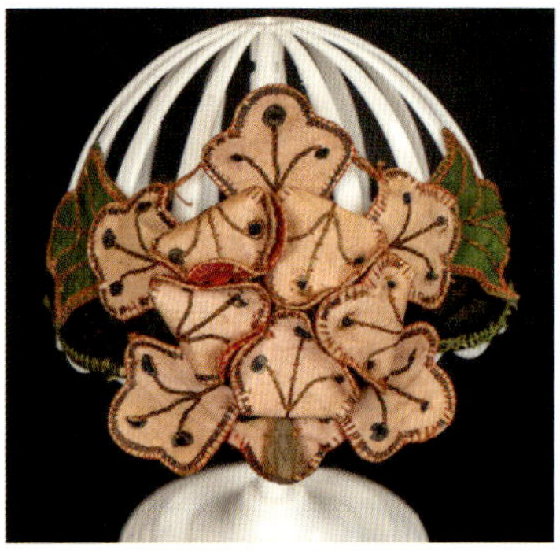

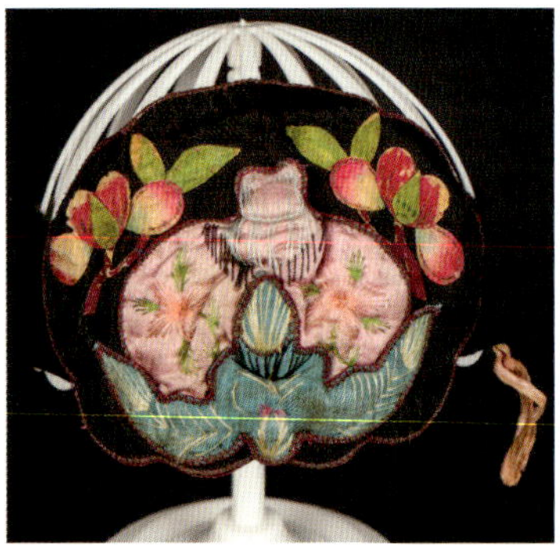

16 黑缎地攒花平绣花卉帽圈

此童帽形制为帽圈，多在夏季佩戴。其整体结构简洁而精美，由帽圈本身和花卉装饰构成的无顶设计，确保了佩戴时的舒适性与透气性。帽身呈环状，采用黑缎为底料，精致的攒花用多色布料堆叠而成，突出帽子的装饰性。工艺方面，这顶无顶帽子主要采用了攒花技法。帽身上用布料攒成色彩斑斓的花朵，呈现出立体效果，使得帽子的整体造型更加生动活泼。每一朵花都由彩色布块手工捏制成，形状丰满且有层次感，部分绿叶的边缘采用了十字绣。帽身上的纹样则采用了传统的平绣技法，细致地描绘出枝叶图案，与花朵形成鲜明对比，进一步增强了帽子的装饰效果。配色上，帽子以黑色为主调，花朵部分则使用了丰富多彩的布料，形成强烈的对比。材质方面，帽子的外层采用柔软的黑缎，内衬为轻便舒适的棉质材料，确保了佩戴时的透气性和舒适性。

这顶黑缎地攒花平绣花卉帽圈是一个独具特色的传统儿童帽圈，其通过精湛的工艺和巧妙的设计，成功地将实用性与装饰美感融为一体。帽身上运用攒花工艺制作的多彩立体花卉，不仅赋予了帽子鲜明的装饰效果，还象征着幸福、美好和繁荣。这些色彩斑斓的花朵，不仅展现出设计者对自然生命力的敬仰，也寄托着对儿童未来的美好祝愿——希望他们像这些鲜艳的花朵一样，充满朝气、幸福成长。

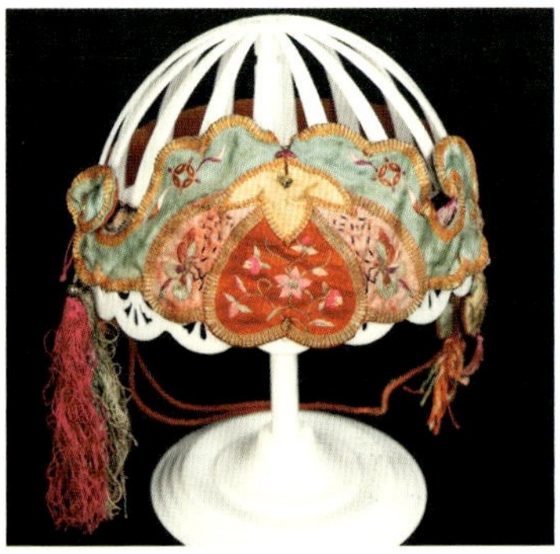

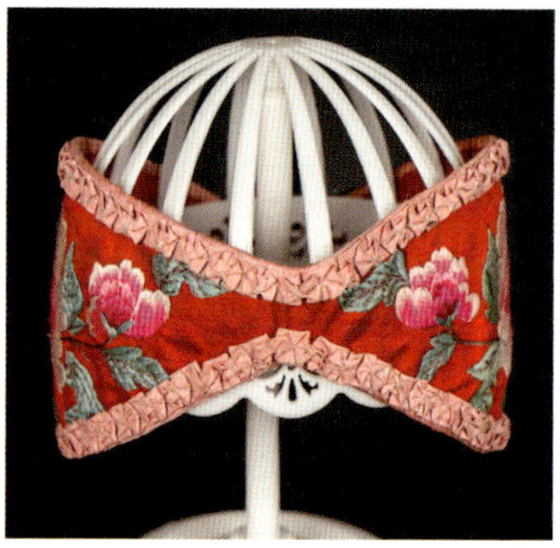

17 红缎地挖云梅花纹帽圈

此童帽形制为帽圈，多在夏季佩戴。该帽为左右对称的两片式，整体造型分为左右两部分，沿中线缝合。织绣技法方面，帽子上下边缘处采用棕色的双层包边缝，增强了牢固性。帽身采用大片挖云，挖云也被称作“挖云衬里”，是一种挖空绣地并在底层衬垫贴布而成的边饰，有独特的凹凸效果，别具一格。挖云图案前面为梅花纹和如意云纹，背面为盘长纹。配色方面，帽身里布为红色，外面由黑色、玫粉色、橙黄色、青色几种颜色组成，黑色庄重典雅，其余颜色较为鲜艳活泼，这样的搭配十分具有趣味性，展现出中国古典配色的独特雅韵。材质的选择上，帽子采用平面绒面料，增添了立体效果，同时也不失质感。

这顶帽子精巧的手工技法，体现出中国古代织绣技术的极高水平，无疑是中国古代帽饰的瑰宝。特别值得一提的是，帽身上巧妙融入梅花纹样，梅花帽象征高洁坚韧的梅花，饱含对孩童的祝福与期许，不但有吉祥美好的寓意，也有“贱生”的意思，造物者将自然的感知和生活经验转化为对健康的祈祷，希望孩童易养易活，在成长过程中一帆风顺。帽身的如意云纹历史悠久，寓意着吉祥如意、富贵长寿。背面的盘长纹又称吉祥结，由于绵延不断，没有开头和结尾，含有长久永恒之意，民间由此引申出对家族兴旺、子孙延续、富贵吉祥世代相传的美好祈愿。这顶童帽不仅仅体现了精湛的中国古代手工艺技法，同时还饱含着长辈对晚辈的喜爱之情。

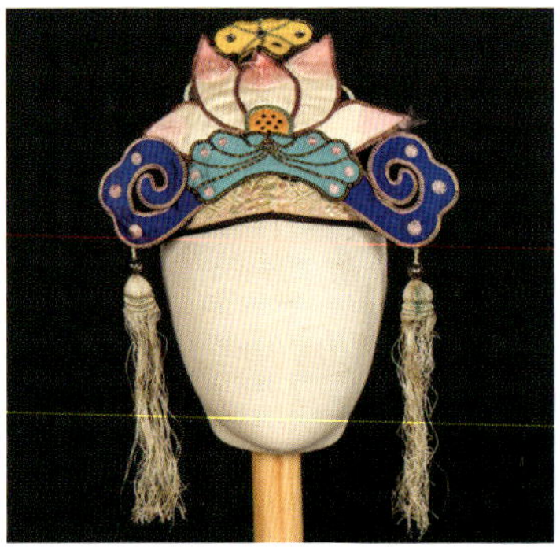

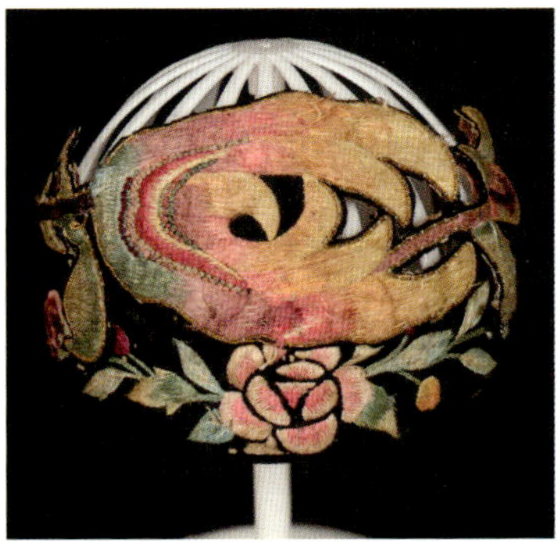
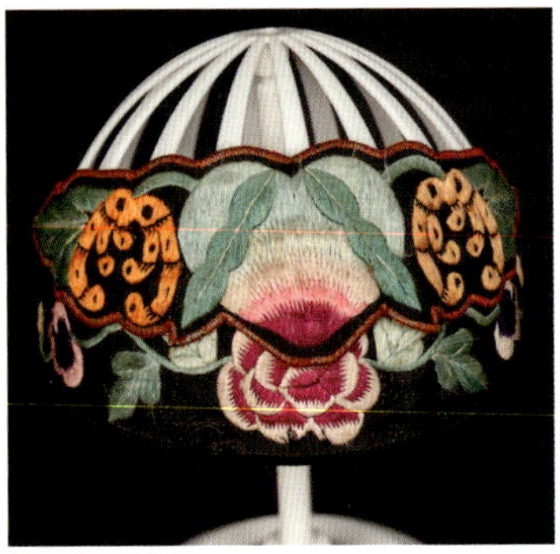

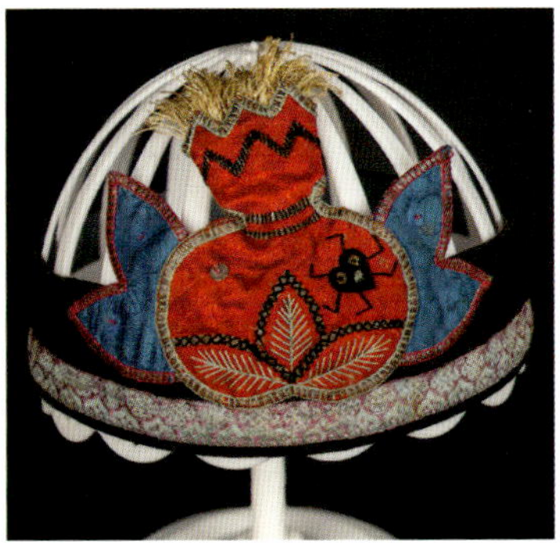

18 黑缎地贴布绣皮金锁边福喜帽圈

这顶童帽属帽圈类型，适合夏季佩戴。其结构为单体一片式，空顶前宽后窄，呈简洁的圈形，仅有帽身覆盖额眉处。纹样图案方面，正中的石榴象征多子多福、繁荣、生命力旺盛；石榴两侧的佛手因谐音“福”，寓意幸福安康；石榴图案上的蜘蛛民间称为喜蛛，象征着好运和“喜事连连”，蜘蛛与石榴连用意为喜得贵子；紫色绣片上的螺旋纹样象征着生生不息，表现出流动感和生命力。总的来说，这些图案、纹样组合表达出“福”与“喜”的主题。织绣技法方面，主要运用贴布绣塑造出主图案，其次多种针法相互搭配，形成层次感。主图案如石榴、佛手、叶片均用贴布绣；石榴上的粉色石榴籽、蜘蛛则运用平针绣；紫色绣片上的漩涡纹运用双盘金绣；叶片脉络采用皮金绣，彩色绣片的边缘则采用皮金衬底的锁边工艺。除此之外，帽子边缘镶有二次方连续排列的直立式花卉纹与竖纹的窄条锦缎面料。该帽配色运用了色彩对比与协调手法，主要体现在色相的差异化上。图案中黄色与绿色相邻，体现出邻近色的运用，给人以平和的视觉感受；红色与黄色之间的搭配则形成了较强的色相对比，突显了帽子中间的红色图案，达到强调的效果。红色的高明度和饱和度给人以热情、活力的情感效应。整体配色比例适中，黄、绿、红三色通过黑色底色的间隔达到了视觉上的平衡与呼应。

这顶童帽体现了父母对孩童幸福安康、好运连连和家族子嗣兴旺的美好期望与祝福，总体传达出积极向上、活泼喜乐的情绪。

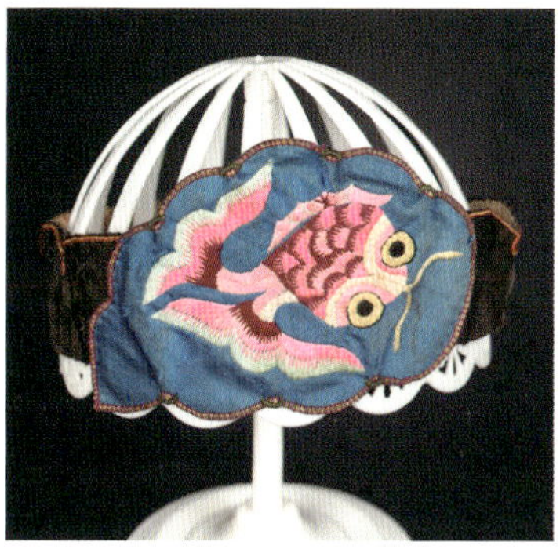

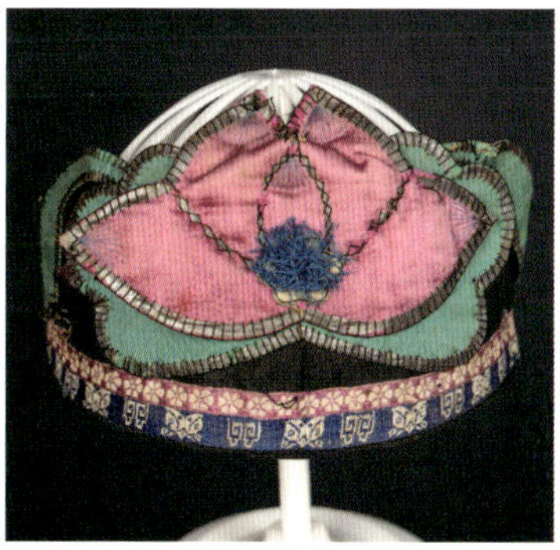

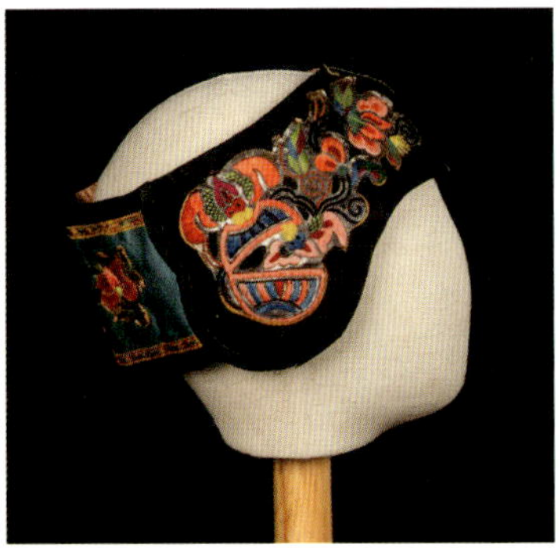
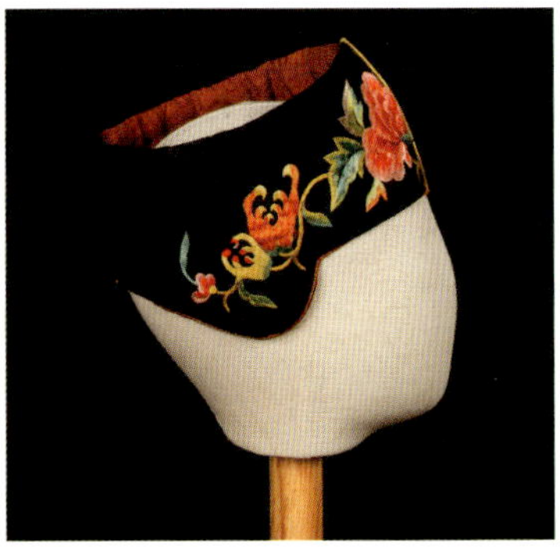

19

黑缎地刺绣寿桃纹帽圈

此童帽形制为帽圈，多在夏季佩戴。该帽圈为左右对称的两片式，整体造型分为左右两部分，沿中线缝合。织绣技法方面，帽身下侧有黑色绲边装饰，其上有寿桃纹和变体回纹呈二次方排列的绦子边。帽身前侧有用平绣工艺绣成的寿桃与佛手组合纹样，纹样周围用盘金绣勾勒轮廓，盘金绣周围还用包梗绣作包裹装饰。帽身两侧有用堆锦工艺制成的花朵，花朵之上有用流苏制成的花蕊。配色方面，帽身主体颜色为黑色，其上的绦子边为淡黄色，黄色上的纹样为蓝色。帽身正面图案的色彩以黄色、绿色为主，蓝色为点缀。整体色彩的搭配富有真实感的同时又保留了传统色彩的韵味。在材质的选择上，这顶帽子采用了经典的绸缎面料，其质地柔软且富有光泽，不仅触感舒适，更展现出一种典雅而高贵的气质。

这顶童帽呈现了东方传统文化的独特魅力与悠长韵味。匠心独运，每一细微之处都流露出对古老文化精髓的尊崇与传承。特别值得一提的是，帽身上巧妙融入了寿桃纹样，这一图案承载着丰富的文化内涵。寿桃纹样，自古以来便是长寿与健康的象征，寄托了人们福寿安康、岁月静好的美好祝愿。在中国传统文化中，寿桃常常与庆祝寿辰、祈求长寿紧密相连，这样的纹样出现在童帽上寓意着佩戴者将有健康的体魄与绵长的寿命，满载着亲人对晚辈幸福安康的深情祈愿。这顶帽圈不仅是一件实用性与工艺性兼备的佳作，更是一件蕴含着深厚祝福的艺术珍品。

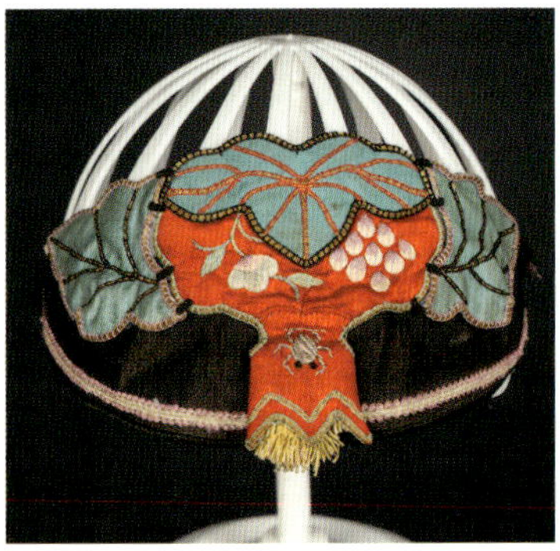

20 黑缎地锁线绣花卉纹帽圈

这顶童帽是一顶兼具实用性与美观性的传统帽圈。其设计结构包括帽身、护颈两部分。帽身呈环形结构，顶部敞开，确保在夏季佩戴时能够保持透气凉爽，适用于温暖的天气。护颈部分延伸至后方，装饰丰富。工艺方面，这顶帽子采用了传统的锁线绣技法，帽身主体为黑色缎地，金线盘绕形成精致的图案。帽身装饰以对称的盘旋形花纹，排列整齐，线条流畅。帽身两侧佛手纹中使用锁线绣技法。护颈部分则以色彩鲜艳的花卉图案为主，也采用锁线绣，绣工细腻。整体配色以黑色为主，金色与彩色的刺绣图案相得益彰，凸显了帽子的精致与典雅。黑色缎地不仅耐脏且耐用，金色的盘金绣图案象征着富贵与吉祥，寓意着儿童将拥有好运与美好的未来。

这顶帽圈不仅具有装饰性，也具备实用功能，适合儿童在初夏佩戴，既不闷热又能够彰显文化底蕴与精致工艺。

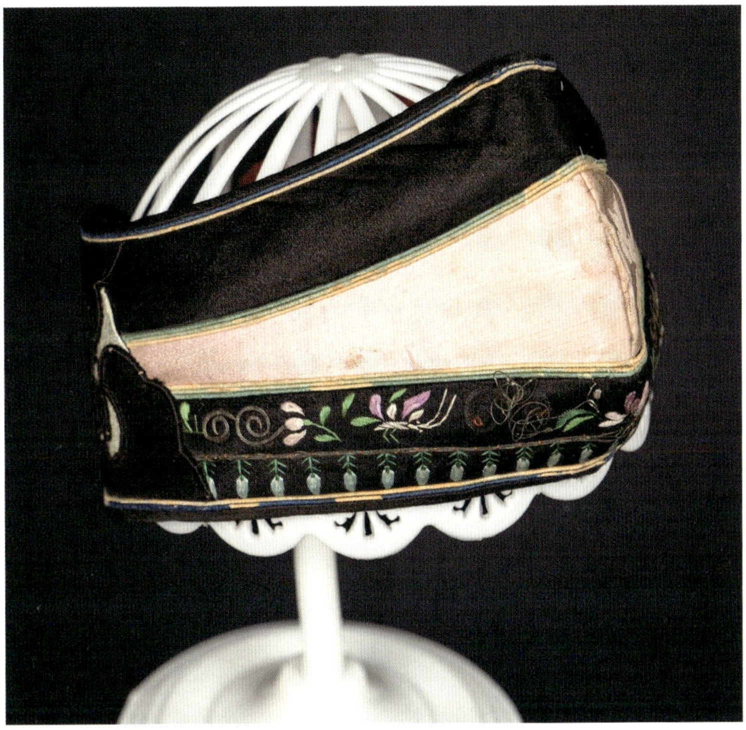

21 黑缎地锁绣对称佛手帽圈

此童帽形制归于帽圈一类。其结构只有帽圈这一部分，且帽圈前半部分较高，呈一个山顶形状。就织绣技艺而言，帽圈两侧以锁绣的手法勾勒出帽子的主体图案，对称的两个佛手纹样，在锁绣的绣线中还跳一浅色，使得轮廓形象更加丰富。在佛手纹内也有一些彩线绣制的部分，丰富了整体图案。色彩搭配上以黑为地，突出整体纹样的色彩和形象，其中最亮眼的要数佛手纹主体的大红色，明亮鲜艳，其次是修饰佛手纹的亮黄色、作为辅助的绿叶和紫色的茎，最后是佛手瓜的粉色花朵，制作者巧妙运用红、黄、绿作为纹样的主体色彩，使得纹样整体十分抢眼，又以紫、粉作为点缀色，调和过高明度的主体色。其中的绿色使用了较浅的粉绿色，与红色的主体佛手纹相得益彰，整体颜色鲜亮又和谐。

此帽圈造型简约却又十分精妙，在黑缎地上配以彩线绣制的纹样，打造出了一个低调而不失设计感的精妙童帽。此童帽所突出的佛手纹在我国优秀传统文化中广为流传，首先，佛手纹样与“福寿”谐音，因此常被视为吉祥的象征，寓意福如东海、寿比南山。其次，在传统文化中，佛手常与石榴、桃子等元素组合，形成三多纹饰，象征“多福、多子、多寿”，体现了人们对家族繁荣昌盛的美好期盼。另外，由于佛手形状类似人手，且其果实颜色为金色，因此被称为“金佛手”，寓意财富在手，这也反映了亲长对孩童未来生活富裕的祝愿。最后，佛手也寓意好运就在手中，象征着好运和幸福。佛手作为祝福、祈福的吉祥物，家长们希望通过佛手的帮助，孩童的生活能够万事顺心如意。

22 黑缎地贴布绣如意纹镂空帽圈

这顶帽饰属于帽圈类型，适宜夏季佩戴。其结构包括帽额、帽身两个部分。帽身部分为左右对称结构，沿后中线重叠缝制，帽额整体呈现盔形，并由上下两块地布拼接而成，底布面上有对称结构形态的立体贴布绣，中段部分呈现两块自然镂空，帽身部分有缘边勾勒。织绣技法方面，帽额和帽身施用多种刺绣工艺塑造：帽额大部分为贴布绣，即修剪成纹饰补花面料贴到面料之上，将其锁边，绣面双层，上侧贴布绣有纵向折叠痕迹，使其呈现出较强的立体感。帽身如意边为钉线绣，钉线绣线材多为双股捻合而成，把绣线钉固在底布上构成纹样，主要用于图案勾边或藤蔓类线状纹样；帽身上方有绦子边，上面的四瓣花和六瓣花呈二次方横向连续排列，使平面增加了流动的线条。配色方面，此帽色彩高级明艳，帽身为黑色，以黄底蓝花绦子边加固缘边，具有“锦上添花”的装饰功能，能够虚实线迹、勾勒轮廓，增加装饰上的节奏韵律美，进行色彩上的调和与呼应，帽额主要颜色为橙黄色和粉紫色，帽额下方中心的黄色渐变，突出整体亮点，使主体更加醒目，各个缘边的金色绣线锁边使帽体更加精巧。

此帽圈多采用缘边工艺，不仅展现出优美的如意纹样，也起到加固作用。服饰缘边材料、形式、色彩都极为丰富，充分体现了中国古人造物的智慧。中华民族自古有着惜物的美好品德，讲究“师法自然，敬天惜物”，在服饰易损坏的位置，比如领口、袖口、下摆等处使用绲边、锁边或者包边等缘边工艺增强服饰的牢固度，从而使服饰变得更加耐穿。

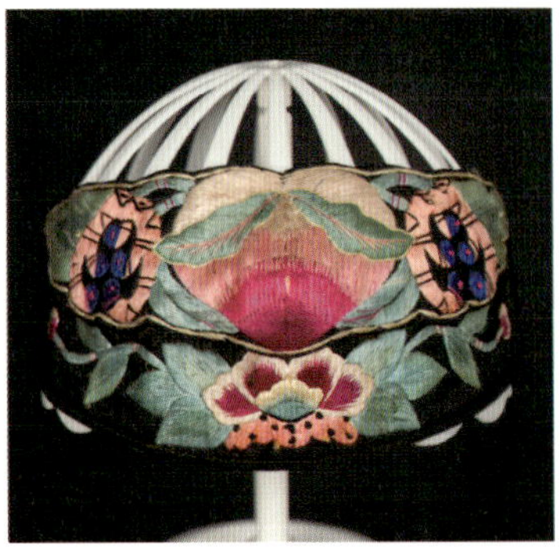

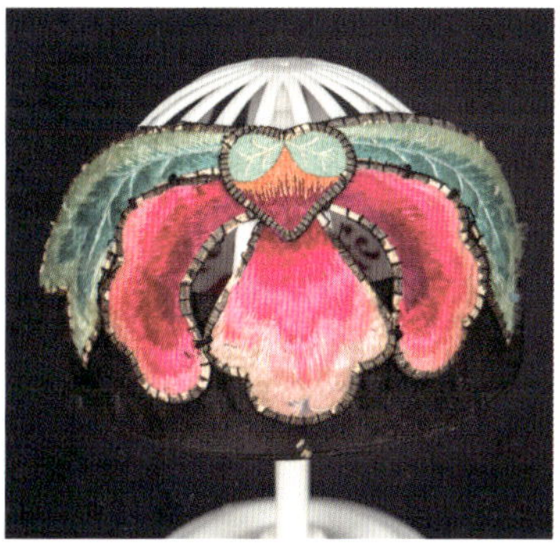

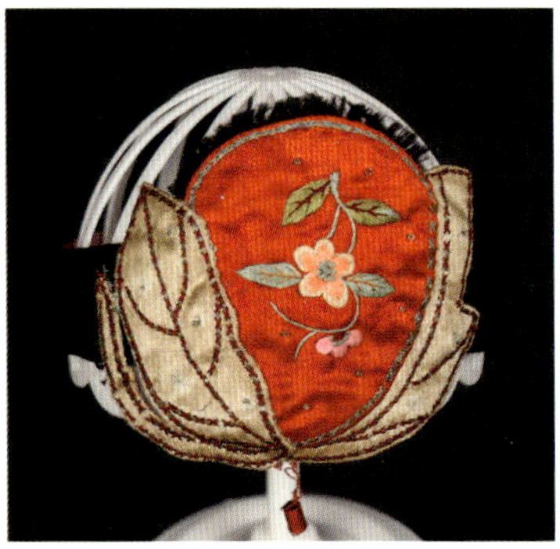

23

蓝缎地盘金绣暗八仙纹帽圈

此童帽形制归于帽圈一类。其结构只有帽圈这一部分。织绣技艺上，帽圈正面上方以盘金的手法勾勒出视觉中心的四个盘长纹，在中间用盘金的金线作上下分割线，分割线延伸到帽圈后作一祥云状，正面的下方同样主要以盘金的手法塑造四个暗八仙纹的图案，有扇面、玉板等，其中也掺有彩线的刺绣辅之。帽圈后方的两边各用贴布的手法塑造三株莲花，莲花两朵盛开，一朵含苞待放，再用盘金的手法勾勒出莲花的轮廓，增强其图案的艺术性。整体技法以盘金和贴布为主，以简约的手法塑造出精致小巧的童帽。色彩搭配上以蓝色为主色，在明度较高的深蓝色底上配以金色，又在后方铺以大面积的亮绿、亮粉，可见此童帽用色之大胆，尽管皆用高明度的颜色搭配，却显得十分协调。其中暗八仙纹的主体部分也点缀有玫红、蓝绿、粉色等高纯度的明亮色彩，既融入整顶帽子的鲜亮基调，又各具有不同色彩属性带来的特点，使人过目难忘。帽圈上下的粉色绲边较温和，调和了帽圈自身过于抢眼的色彩。

此帽圈用十分贵重的材料与亮丽的色彩，塑造出一个独一无二的作品。造型之外，此帽的暗八仙纹图案也十分讲究，暗八仙是中国传统装饰纹样之一。八仙指神话传说中神通广大的道家神仙铁拐李、汉钟离、蓝采和、张果老、何仙姑、吕洞宾、韩湘子和曹国舅，八仙们各持一件宝物，分别是葫芦、扇子、花篮、渔鼓、荷花、宝剑、洞箫和玉板，传说这些宝物法力无边，有逢凶化吉之作用，其被用作装饰图案，以物代人，称暗八仙。此帽的色彩、造型和意象选取都十分精致且大胆，其中纹样的选取也富含着亲人对孩童平安顺遂的美好祝愿，体现了我国童帽的文化意涵之丰富深远。

24 黑缎地长短针绣『福禄寿三星』帽圈

这顶童帽属帽圈类型，适合夏季佩戴。其结构为单体一片式，空顶前宽后窄，呈简洁的圈形，仅有帽身覆盖额眉处。该帽纹样形式丰富，包含植物纹与汉字纹两种，且其含义一一对应。帽身正中为桃子纹，多寓意长命百岁、寿运永继，对应汉字纹“寿”；桃子纹两侧为佛手纹，蕴含多种吉祥寓意，佛谐音“福”，寓意幸福安康，对应汉字纹“福”；佛手纹两侧为牡丹纹，象征富贵与地位，对应汉字纹“禄”。此外，其左右对称的适合纹样，与帽子外形完美适配。织绣技法中，桃子纹、佛手纹与牡丹纹主要运用长短针绣，牡丹花蕊用打籽绣表现立体感，叶片运用平针绣，汉字纹下垫有棉纱，富有立体感。配色方面，帽身以黑为底色，桃子与牡丹多用玫红色、粉色，绿叶做点缀，汉字纹与佛手纹以橘色、黄色为主。帽身与纹样形成冷暖色对比，丰富视觉层次，黑色背景压低明度，凸显花朵与文字的鲜明度，植物纹符合传统“红花绿叶”的对比配色审美特征，增强视觉冲击力。

该帽圈不仅形纹合一，帽身与纹样适配，且纹纹合一，三种植物纹样巧妙组合从而形成新形态。搭配“福禄寿三星”的汉字纹样，其精妙设计与丰富寓意，不仅展现了传统工艺之美，更深深寄托了家长对孩子长寿安康、富贵吉祥、仕途顺遂的美好祝愿，是传统文化与亲情期待的完美融合。

25 黄缎地平绣牡丹纹总角垂辫帽圈

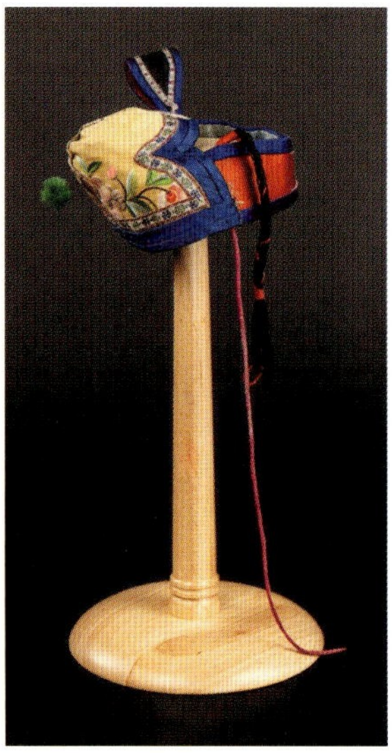

这顶童帽属于帽圈类型，适合夏季佩戴。其结构包括帽额、帽身两个部分。该帽帽身为左右对称的四片式，即两片帽额结构加上两侧两片对称式帽圈结构，沿中线缝合。帽右以布片束“总角”状，帽左以绳编“垂辫”状。织绣技法方面，帽额运用平绣绣制出牡丹花卉纹，中心牡丹花盛放，两侧对称式延伸出曲线形枝条，两侧枝条顶部各有一大一小两个花苞，大花苞花瓣微张，小花苞含苞待放，不同绿色的叶子环绕在牡丹花周围，充满生机。帽额整体似元宝状，外加双绲边，绲边内钉缝绦子边，绦子边内盘长纹与六瓣花呈二次方交替排列。帽额右侧绦子边内延伸出两根铜丝连接的红绿绒球，右上侧黑缎包蓝绲边布片用红绳束起，左侧以黑细绳夹红绳编成麻花辫垂下。配色方面，帽子整体以黄色、蓝色和红色为主，绿色点缀。帽额纹样以粉色牡丹作为主要色调，花瓣以不同粉色绣制，夹绿色叶片，层叠渐变，搭配黄缎地，整体景象和谐温馨。外包宝蓝色绲边，帽额与绲边间以蓝绿色绦子边缓和，上下呼应，转承自然。右侧红绿绒球碰撞，帽后侧红缎地包蓝绲边，色彩对比强烈，吸人眼球。整体红、黄、蓝三色搭配鲜明活泼，体现出传统服饰的对比色彩美学。

此顶帽圈充分展现了中国传统儿童服饰的独特魅力，其独特之处在于总角垂辫的设计。总角是中国古代儿童常见的头饰形式，象征着童稚和天真。帽额上的牡丹花象征着富贵、吉祥和繁荣，寓意父母祈愿孩子未来生活美好幸福。

26 蓝缎地刺绣花卉纹绣球过桥帽圈

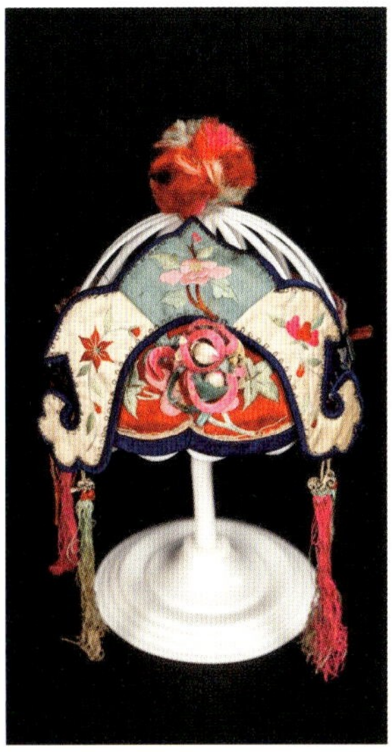

这顶帽饰属于帽圈类型，多在夏季佩戴。其结构包括帽额、帽身、额饰三个部分：帽额部分前端主体为立体绣花球，由双色绣线攀绑硬纸带成球，其间点缀两朵花骨朵儿，娇嫩可爱，花球下以翠叶刺绣绸缎作底，帽额上的过桥为对称结构，划分的三个部分加缀三种类型花卉；帽身有佛手花卉规律织绣，拼接织带；额饰上有毛绒绣球，显眼夺目；过桥左右两侧各缀有双色流苏。织绣技法方面，帽额和帽身施用多种刺绣工艺塑造：帽额前里布上的翠叶和过桥上的花卉使用平针绣技法，额前绣花球以绣线绕纸带成形，花骨朵儿用花瓣裁片塞料扎金线缝制，过桥边缘进行勾线刺绣作花边。配色方面：此帽色彩鲜艳，帽身为蓝色，以粉黄色织线描边；帽额大部分缎面为亮红色，格外醒目，面上的红绿色绣花球饰，灵巧可爱；额前过桥使用黄绿色，调和整体颜色，增添了些许清新感，额饰顶上的红色混彩毛绒绣球，欢乐喜庆，亮色流苏缝挂在两侧，灵动精巧。材质选择上，此帽采用多种传统织物，帽身为蓝色绸缎，上织有一排黄色花卉，上下拼有毛边儿何形织带，额饰为毛绒球，帽里为黄色棉质面料，柔软舒适。

此帽圈精致可爱，绣花球装饰不仅美观，更包含希望、团圆、圆满、忠贞、永恒、团聚、美满、浪漫等寓意，这些寓意代表了长辈对孩童的美好祝愿，望孩童生活充满希望和幸福、人际关系和谐融洽、忠诚于自己的信念和情感、生活美满且充满浪漫。这种帽饰常在特定节日或孩子的重要时刻佩戴，如出生、满月、周岁等，以示庆祝和祝福。

27 黑缎地滚针花卉弹簧颤丝帽圈

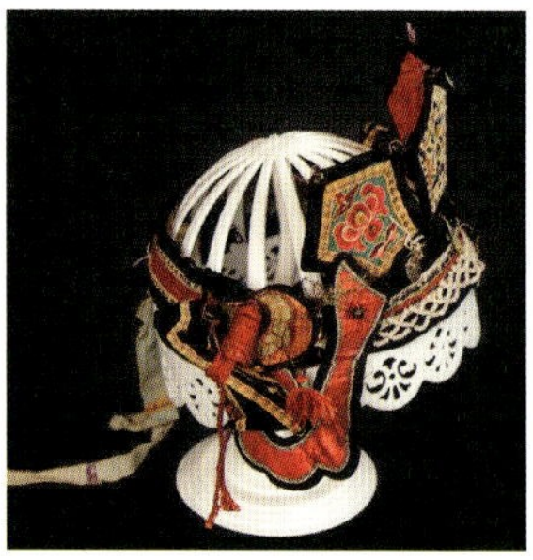

这顶童帽属帽圈类型，适合夏季佩戴。其结构为单体一片式，空顶，帽檐前后宽窄大概一致，呈简洁的圈形，仅有帽身覆盖额眉处。纹样方面，主要体现在牌饰上，中间的牌饰采用莲花纹，其左右两侧的牌饰采用石榴纹。织绣技法方面，主要运用平针绣，并在图案周围以浅色绣线的滚针装饰缘边，两侧帽耳的淡绿色叶片样绣片上同样运用滚针绣塑造茎叶。此外，前后帽身、牌饰、左右两侧黑色束带均滚有宽窄不一的布条，且帽身前面的布条同样有莲花纹样。造型方面，帽身上覆有类似道教五老冠形的牌饰。帽身两侧缝缀黑色布条，并用红色束绳收起，便于孩童必要时束系所需。帽身两侧有如意头样式的帽耳，帽耳上有用弹簧颤丝固定的红色短流苏装饰，并在底部与顶部用串珠装饰，加上帽身下部的珍珠串珠装饰，走起路来必定摇曳可爱。帽身上方与牌饰用金属圆片连接，起到固定作用。帽子采用红、黄、蓝、青等多种亮丽的颜色，黄色象征着富贵如意，蓝色象征着平静温和，绿色代表着希望，红色则代表强大的生命力。该帽以黑色为底，而鲜艳的色彩则占据大部分面积，既具美感，又不失协调。材质方面，帽身主要为缎料，两侧帽耳的绿色绣片则为平纹织物，两侧的黑色束带为丝绒材质。

莲花是中国传统文化中常见的吉祥图案，象征着高尚与美德，寓意孩子在成长过程中能保持心灵纯净、健康成长，牌饰与莲花的组合又有驱邪避凶的寓意，是父母对孩子人生顺遂的渴盼。石榴则寓意多子多福、前程似锦，希望孩子能够像石榴一样子孙繁茂、茁壮成长。

二、无顶帽

1

黑缎地堆锦贴布绣花卉纹虎头无顶帽

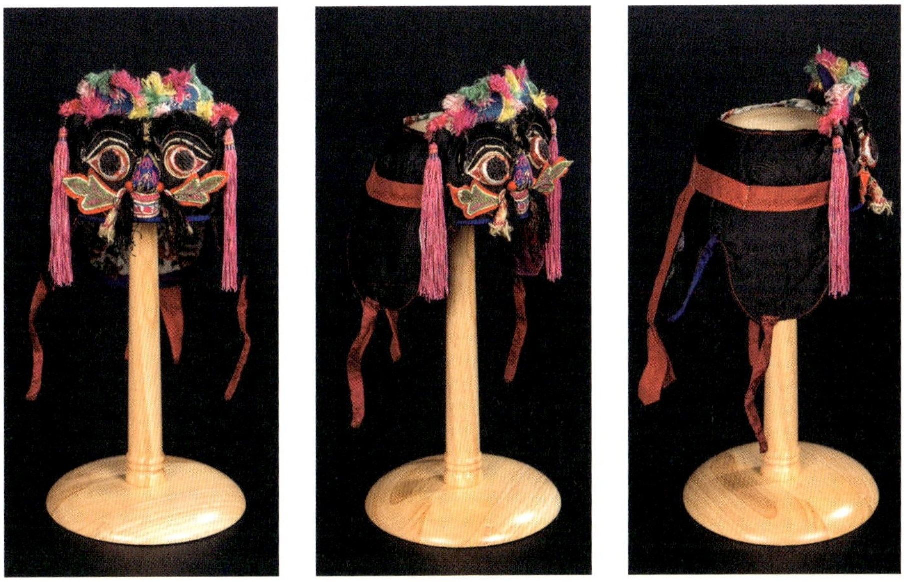

这顶虎头帽属于无顶帽类型，适宜春夏季节佩戴。其结构包括帽额、帽身、帽耳和披风四个部分。帽额覆盖额头，帽耳盖住双耳，披风垂至脖颈处。结构为左右对称式，沿后中线缝合，底部有系带。织绣技法方面，帽额施用多种工艺技法塑造虎头形象：老虎轮廓采用钉线绣勾勒；虎口上部分使用锁绣与贴布工艺；眼部使用堆锦工艺中的浮雕拔技法；头顶、耳尖及胡须处皆有流苏装饰。该虎头造型十分立体，宽厚圆润，尤其是顶部和鼻子部位，增强了视觉效果，赋予虎头威严而富有生命力的形象。配色方面，帽身主体采用沉稳的黑色，虎头的耳、鼻、嘴部分大胆采用了亮红色，与乌黑色形成鲜明对比，更寓意着富贵与喜庆。亮粉色流苏点缀在虎头两侧，打破了帽子的局限，色彩搭配绚丽活泼而和谐统一，提升了视觉连贯性和整体流动性。材质上，此帽采用多种传统织物：外层为黑色绸缎，花卉暗纹隐约可见，彰显高贵气质；里衬为白底红花棉质面料，柔软舒适；虎头鼻翼两侧饰有绿红叶织边，彰显细节美感。

无顶童帽是汉族传统童帽中较为常见的一类，不仅有固发的作用，也具有很强的装饰功能，美观实用。该帽造型可爱、夸张，儿童佩戴增添了几分稚趣。一些制作精美的无顶帽，可在儿童满月、生日或者节庆日佩戴，增强节日氛围。无顶童帽所蕴含的固发、护发及礼仪意义，深受儒家思想的影响，体现了中华民族注重礼、孝的民族特性。

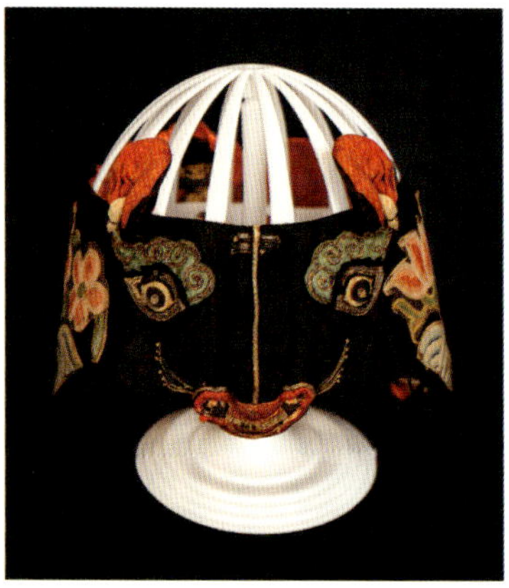

2 蓝黑缎地堆锦盘金绣虎头无顶帽

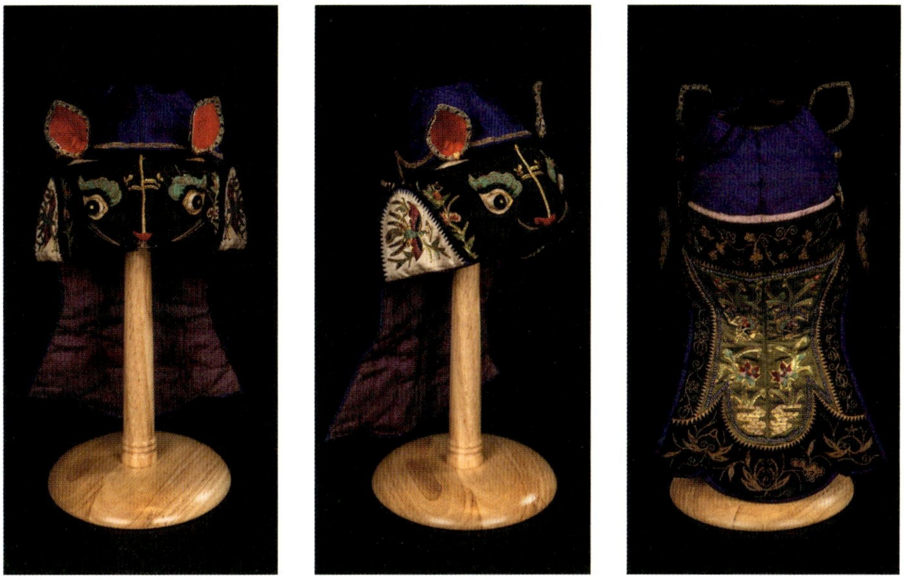

该童帽属于无顶帽类型，适合初夏佩戴。此帽以猛虎为形，结构层次分明，由帽顶、帽耳、帽身和披风四大部分组成，每一处细节都彰显出匠人的智慧与匠心。帽顶设计匠心独运，既保证了头部的全面覆盖，又巧妙地预留了透气空间，兼顾了保暖与舒适。帽耳设计灵活多变，可根据天气状况自由调节，展现了高度的实用性。在织绣技艺方面，此帽融合了盘金绣、平绣、锁绣、戗针绣等多种传统技法，虎头与披风上的精美纹样栩栩如生，特别是莲花、佛手、寿桃、瓜瓞等自然元素的融入，不仅美化了帽的外观，更赋予了其吉祥如意的文化寓意。色彩搭配上，黑色为主基调，搭配红、白、绿等鲜明色彩，既显活泼与纯真，又不失庄重与典雅。蓝色与豆绿色的巧妙点缀，为整体设计增添了一抹清新与活力。此外，此帽还体现了中国传统服饰注重对称美的设计理念，左右对称的结构不仅给人以视觉上的和谐感，也寓意着平衡与稳定。内衬选用了柔软舒适的绛紫色棉质面料，进一步提升了佩戴的舒适体验。

相较于其他儿童帽子，此帽既保暖又透气，贴合儿童成长的需求。同时，它还兼具装饰、固定发型及礼仪等多种功能。披风上的精美刺绣装饰也格外吸引眼球，在传统刺绣艺术里，莲花作为一个极为普遍的主题，不仅展现着其作为装饰的美丽，还蕴含着丰富的文化内涵与人们的美好祈愿，寓意子孙万代、福泽绵长。

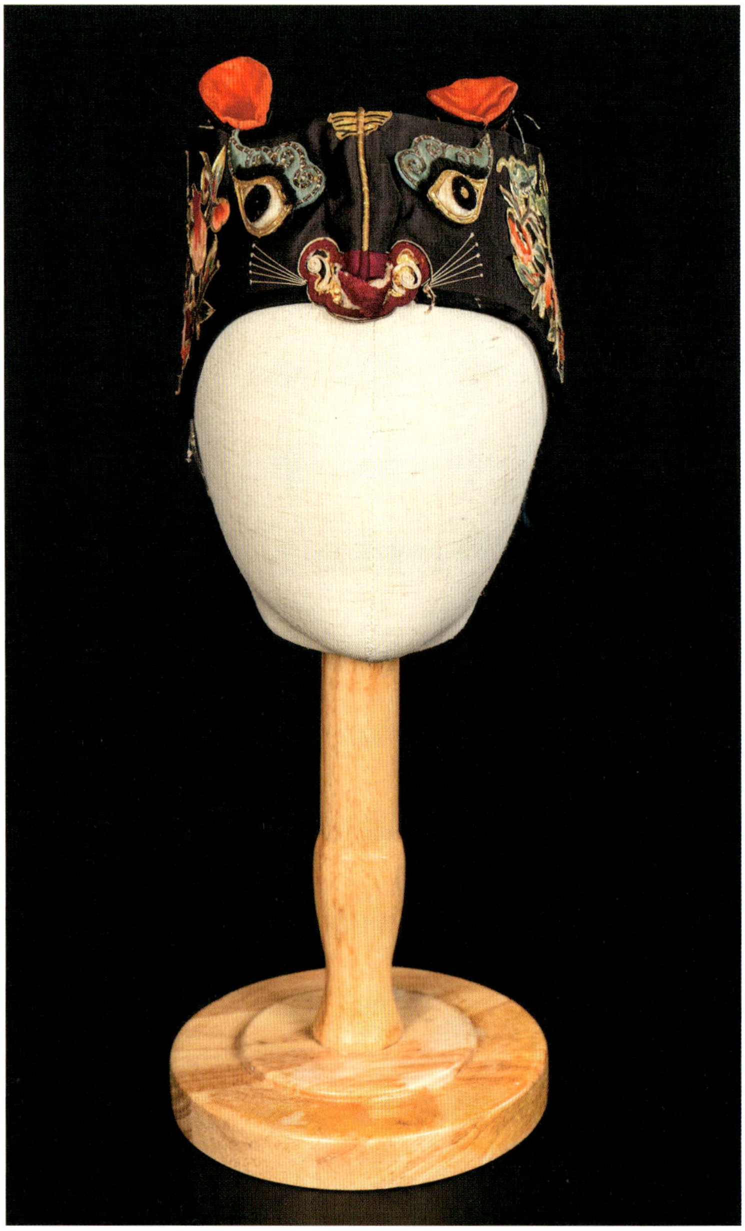

3 多色缎地剪纸绣三蓝绣花卉纹虎头无顶帽

该童帽属无顶帽类型，适合夏季佩戴。其结构包括帽身和帽尾两部分，空顶前宽后窄，整体左右对称，沿中线缝合。这顶帽子最具特色的是剪纸绣工艺，帽身和帽尾的花卉部分均用此种绣法，即选用较有韧劲的金质材料修剪出待绣纹饰的大致轮廓，然后运用各色丝线以平针绣在修剪出的轮廓上绣花。值得一提的是，帽尾披风上的花瓶和花除剪纸绣外还结合了三蓝绣工艺，即采用色彩相同但明暗和纯度不同的蓝色绣线形成渐变效果。每片面料边缘处均宕有带图案的布条，老虎口鼻处运用洒针绣体现胡须效果，并运用盘绣做装饰。帽身部分装饰出虎的五官，左右为对称的花卉，虎耳与口鼻处做立体装饰，在面料里填充棉花等物料使其凸起，体现老虎鼻子隆起的立体形态。从配色看，该帽身配色主体为黑色，沉稳大气，与金黄色眼睛、暗红色耳朵形成对比色搭配，同时红色口鼻与绿色眉毛在色相上对比鲜明，蓝色则与黑色和谐呼应，丰富了色彩层次。明度上，亮色与暗色交错，形成良好对比。纯度上，色彩纯净与深沉并存，增强立体感。帽身后的绿色、粉色巧妙融合，既保留了自然的清新，又增添了温馨。帽尾以粉色为主色，蓝色与白色为辅，帽尾内侧则用青色，形成鲜明对比，粉色与蓝色的互补色搭配，展现了高纯度的色彩魅力。色彩明度与纯度控制得当，确保整体鲜艳而不失和谐。从其材质来说，帽子整体多选用缎纹面料，仅帽身后的淡紫色面料为平纹并有暗花，此外，帽尾内里青色缎料也有暗纹。

此无顶帽多用吉祥元素，如帽额的老虎，帽身前侧的瓶子、莲花，帽身后面的蝴蝶，帽尾的石榴等。在这些元素中，虎代表孩童健康成长，花瓶寓意平平安安，莲花寓意纯洁与新生，蝴蝶寓意吉祥、有福气，石榴则寓意多子多福。这顶童帽的组合纹样期盼孩童在平安宁静的生活中，保持纯洁的心灵、健康的身体，追求自由与美丽，享受生命的蜕变与成长，同时也期盼着家族的繁荣和多子多福，是对美好生活的深深向往和祝福。

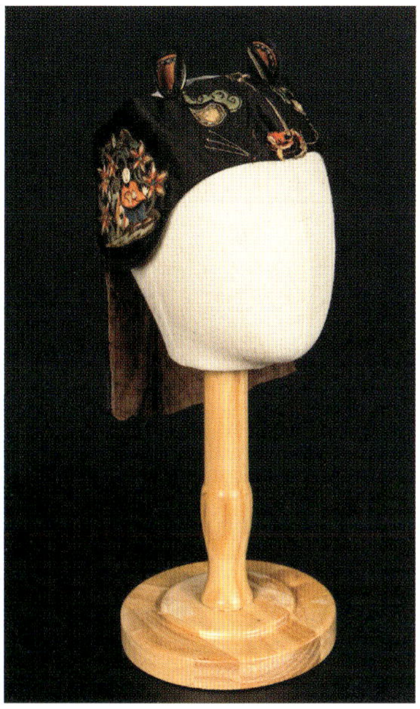
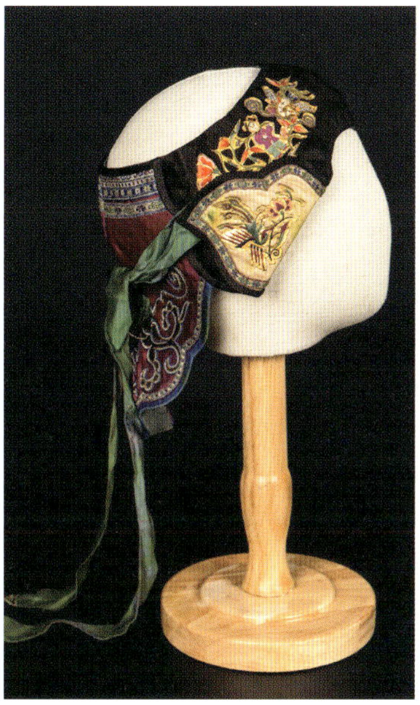

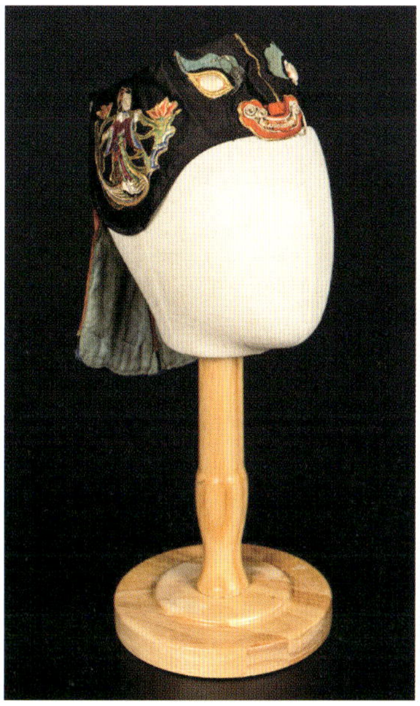

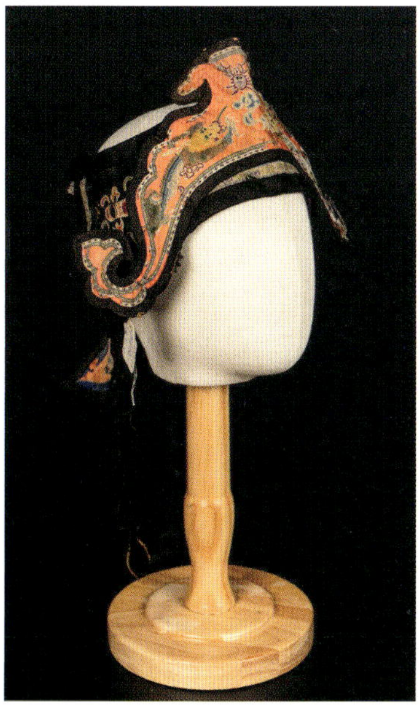
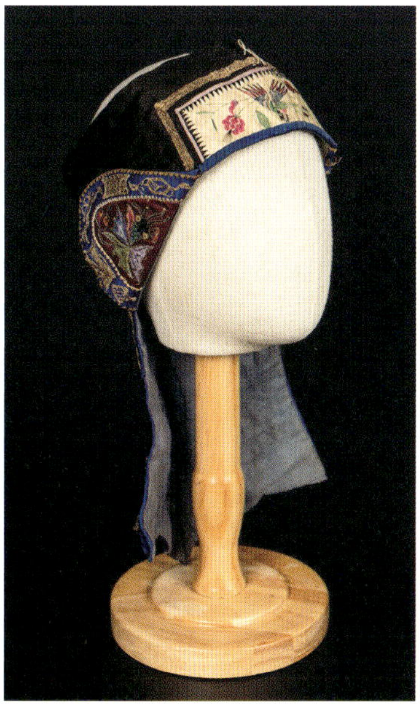
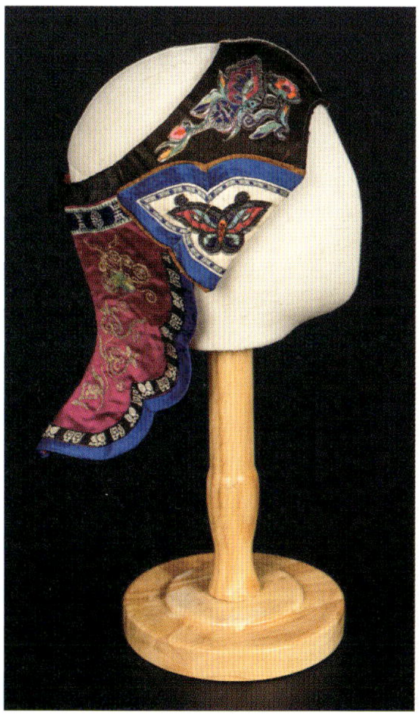

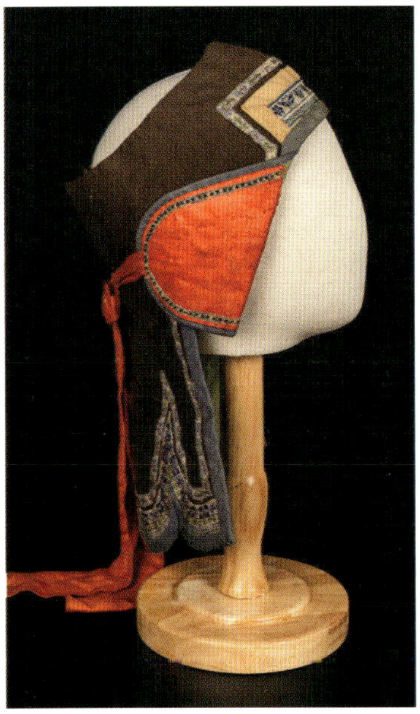

4

黑缎地刺绣花卉纹对称无顶帽

这顶帽饰属于无顶帽类型，适宜夏季佩戴。其结构包括帽身、帽耳和披风三个部分。整体无顶帽造型为左右对称结构，沿中线缝合，帽耳较长，可以覆盖双耳，披风长及肩部。织绣技法方面，此帽的最大特色是多种纹样刺绣工艺，尤其是披风，更是采用剪纸绣、平绣、缘边工艺等装饰技艺。帽身的侧面有对称剪纸绣蝶恋花纹样结合贴金绣技艺，一蝶两花。披风部分：上部有佛手、花瓣纹样，福气满满；中部有绣鸟和牵牛花纹样；底部使用打籽绣描绘出蝴蝶和花卉的纹样。披风各部分贴布绣上皆有散点式几何类纹样，此类纹样饰于结构边缘处，主要作用是缘饰及加固童帽，相较于其他纹样，这类纹样的实用功能更突出，且多以连续纹样为主，不作为单独纹样使用。配色方面，此无顶帽色彩高级沉稳，整体帽身为黑色，帽身左右两侧纹样贴金，贵气十足，披风地布为蓝色，蓝色地布上面的紫色绸缎调和了鲜艳的花卉色彩明度，使整体更显高贵大气。披风里布为蓝色棉布，舒适柔软。

此无顶帽中的刺绣工艺将纹样造型与吉祥含义完美融合，刺绣中多有蝴蝶，其象征着吉祥、爱情、福气、长寿、多子等寓意。蝴蝶的“蝴”与“福”音近，多寓意福气，“蝶”音同“耋”，《礼记》载“七十曰耄，八十曰耋”，“耋”为长寿之意，蝴蝶亦有长寿的寓意。佩戴在孩童身上，寄托了长辈们的美好祝愿。

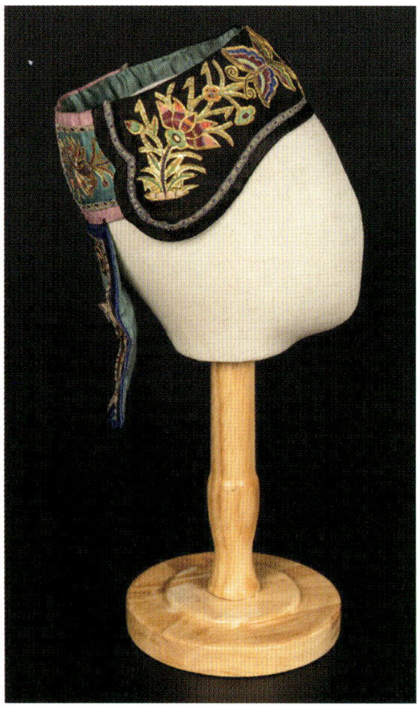

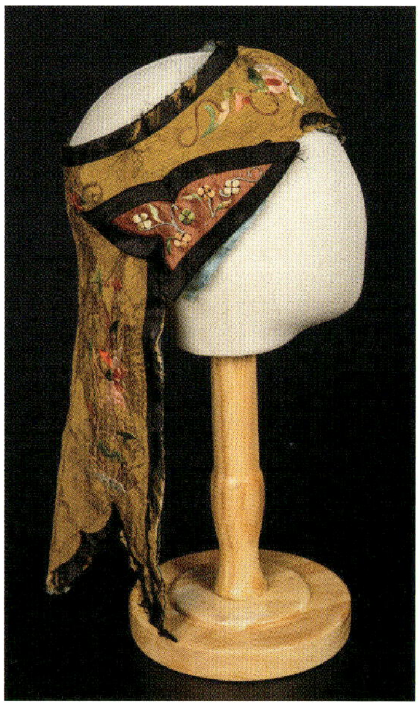
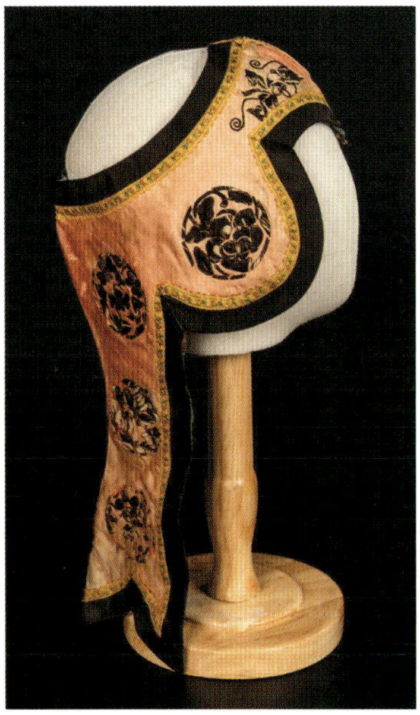

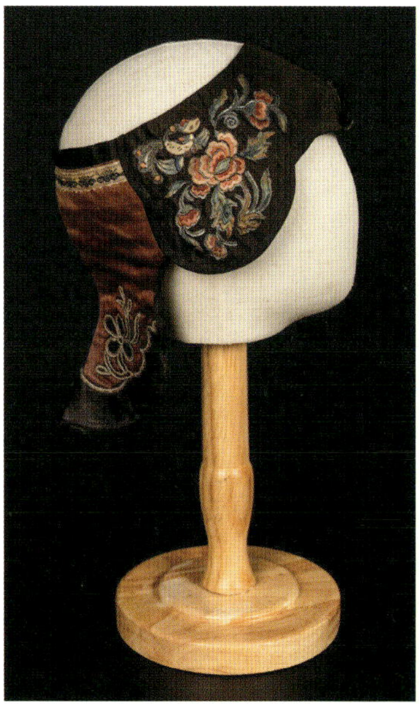

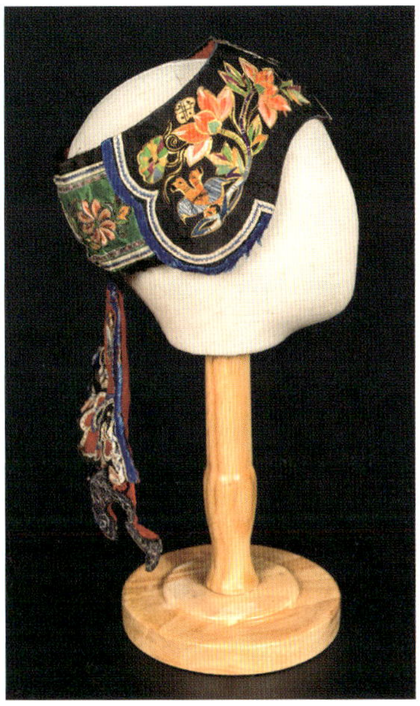
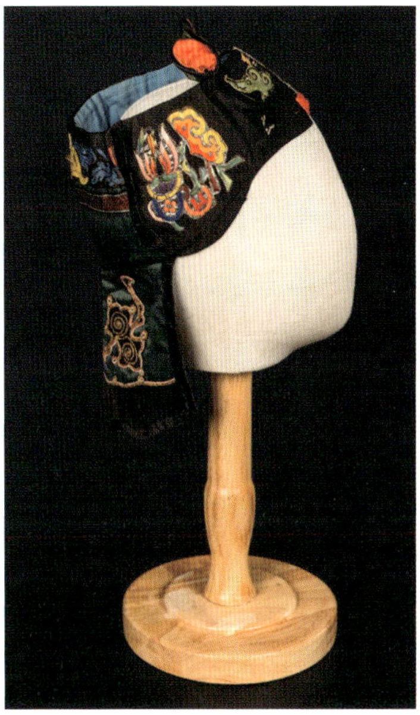

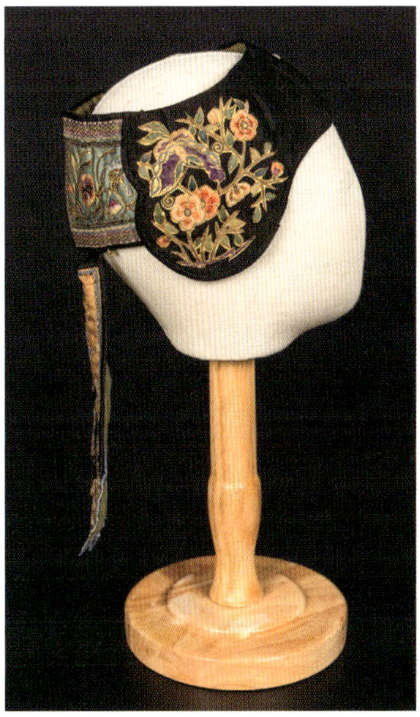
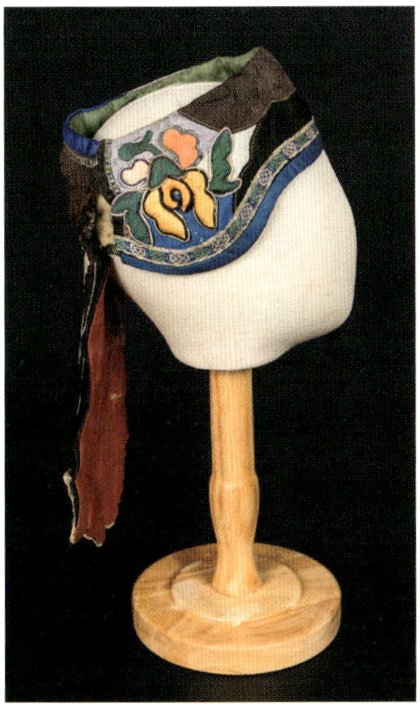
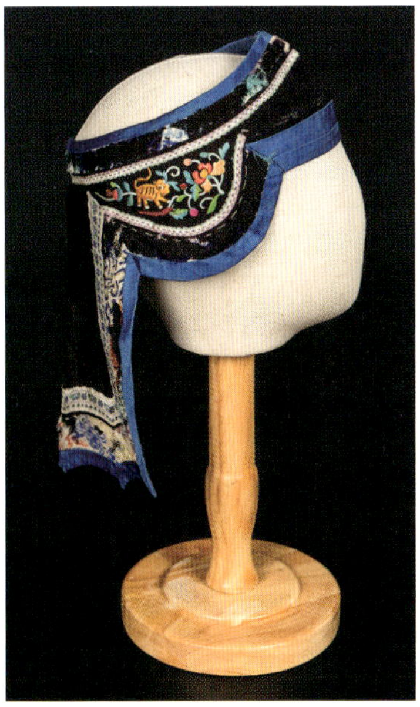

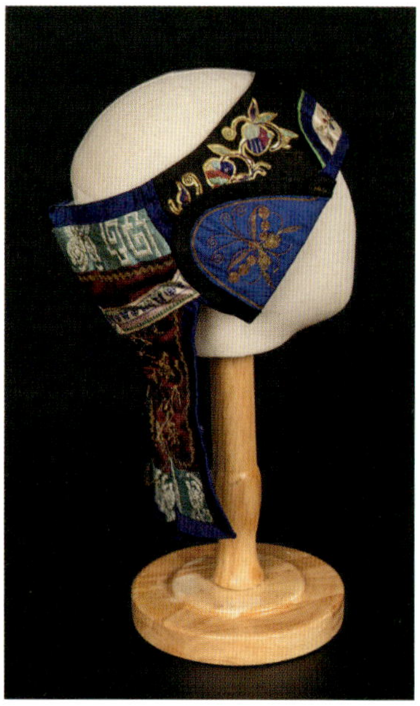
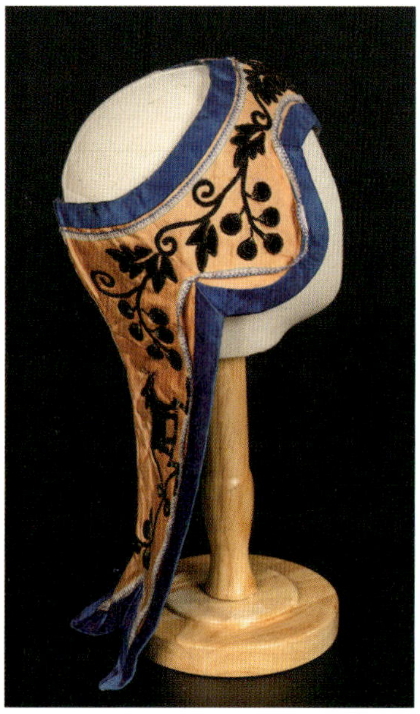
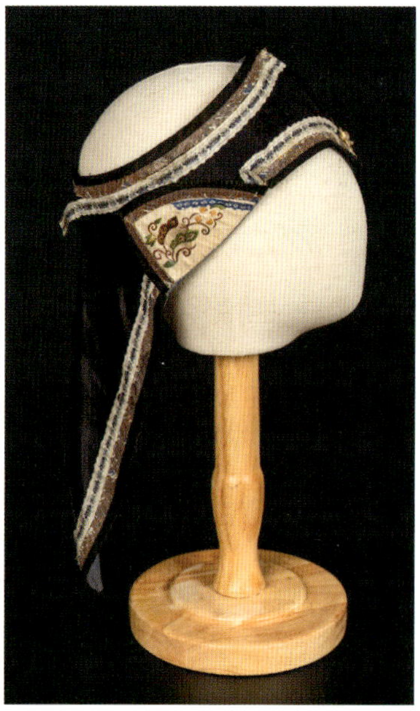

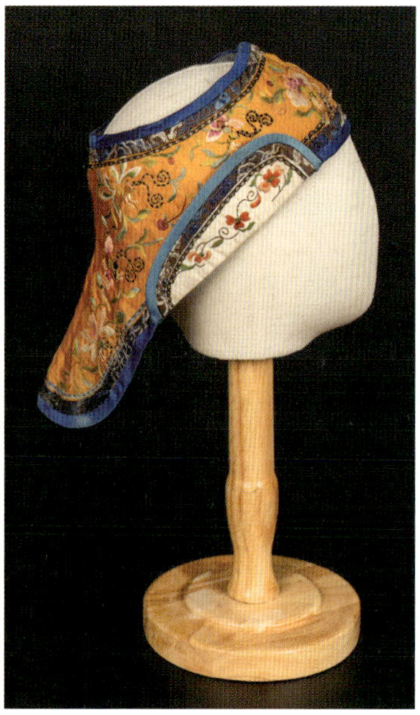

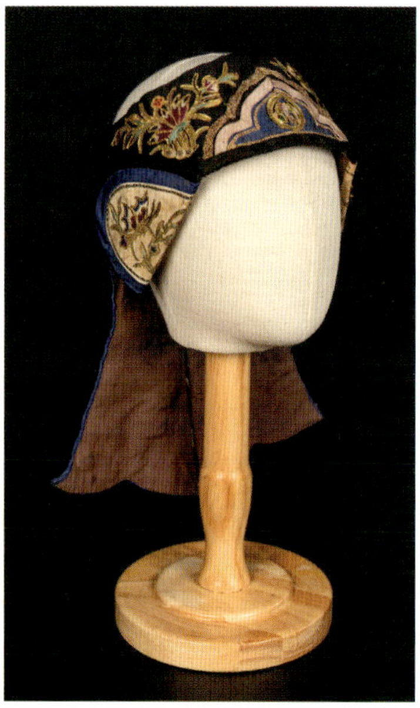

5 黑缎地皮金平绣蝶莲花卉纹无顶帽

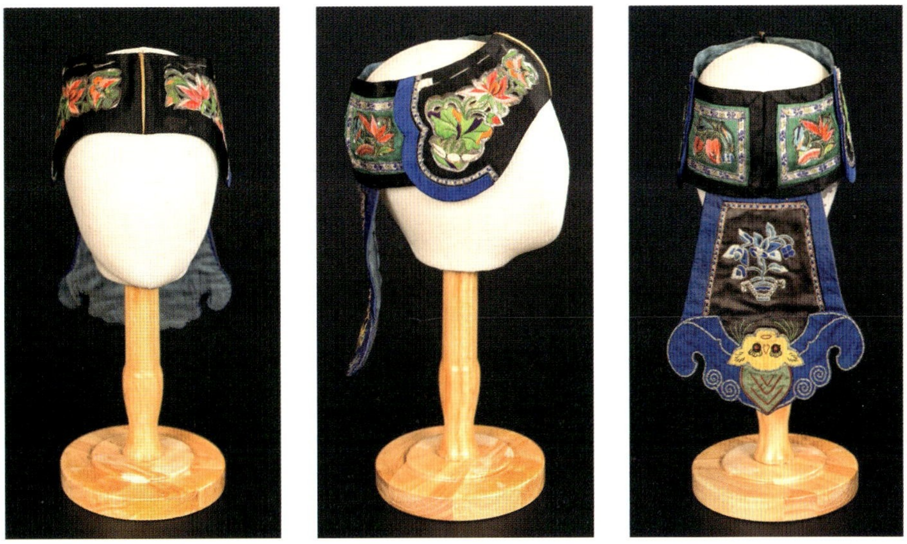

这顶童帽属于无顶帽类型，适合夏季佩戴。其结构包括帽额、帽身和披风三个部分。披风长及肩部。该无顶帽帽身为左右对称的四片式，即两片帽额结构加上两侧两片。整体无顶帽造型分为左右两部分，沿中线缝合。织绣技法方面，帽额运用平绣在皮金上绣制出蝶莲花卉纹，后切割好附在帽额上。皮金即以金箔黏附在极薄的皮革上，再在其上刺绣。以中线为分割两侧图案不对称排布，蝴蝶、莲花、莲叶、莲藕依次排列，莲花热烈盛放，其上蝴蝶翩翩，其下枝条蜿蜒隐于叶下，枝条顶端有一花苞，底部莲藕饱满，整体呈现出一幅夏日生机的景象。帽额整体长方，耳部向下突出，两侧加宽绲边，绲边内钉缝绦子边，绦子边内圆形与六瓣花呈二次方交替排列。帽身背部左右图案不同：左侧为佛手纹，两只佛手一大一小从石头内蜿蜒而出，枝条弯曲流畅，顶部有黑色小花苞；右侧为莲花纹，莲花与莲蓬蜿蜒交错，荷花两侧为荷叶与花苞，下为海水纹。帽身外包宽绲边，内宕蓝白绦子边，绦子边铜钱纹形与六瓣花呈二次方交替排列。披风内居中绣花卉盆栽，内有兰花和梅花，外加宽绲边与细绦子边，披风底为蝙蝠贴布绣，两侧延伸至披风边。配色方面，帽子整体以黑色、蓝色、绿色和红色为主，橙黄色点缀。帽额纹样以粉色莲花、绿色莲叶作为主要色调，花瓣以不同粉色绣制，绿色莲叶夹紫色和橙色，层叠渐变，整体景象视觉效果强烈。外包宝蓝色绲边，帽额以金布包缝，与金箔呼应，低调奢华。帽后侧以蓝绿为主色调，点缀红花卉，清新明艳，引人入胜。整体色彩搭配对比强烈，色彩鲜明。

此顶无顶帽花卉纹样较多但搭配融洽，体现了中华传统童帽纹样的丰富多彩。童帽上的莲花、蝴蝶、莲藕纹和帽后的兰花、佛手等，象征着福气满满和对孩子拥有高洁品质的美好愿望。

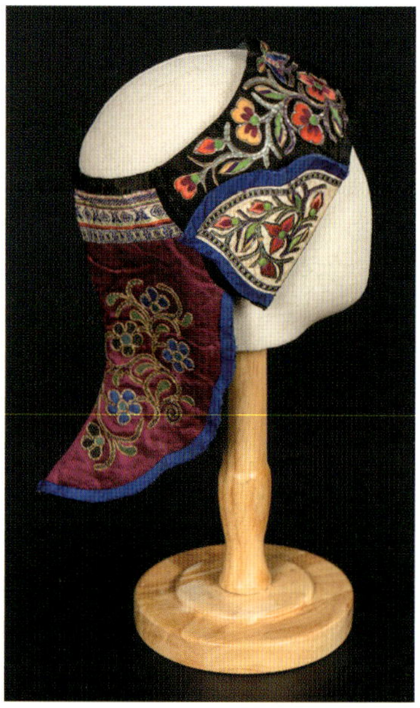

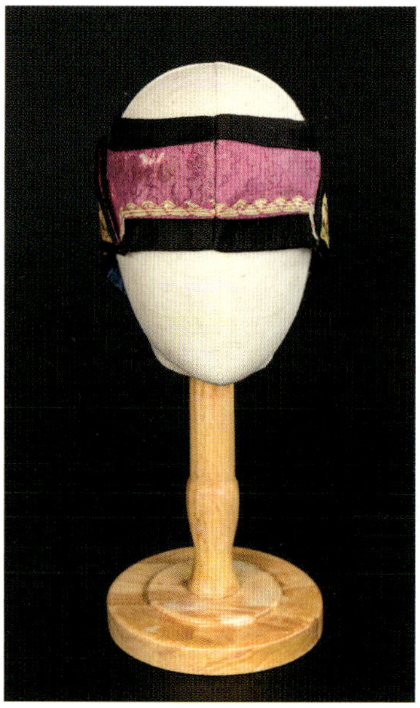

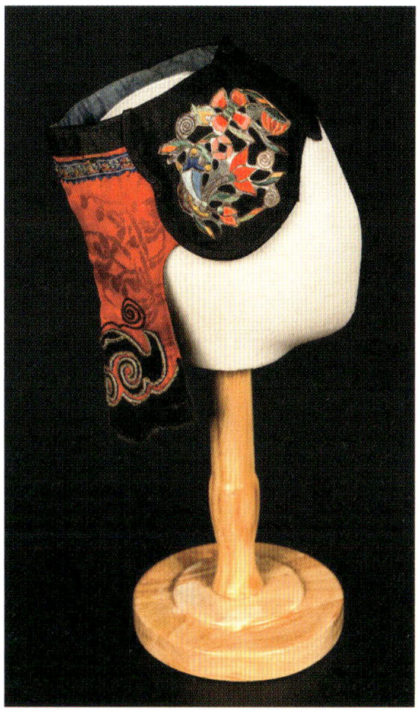

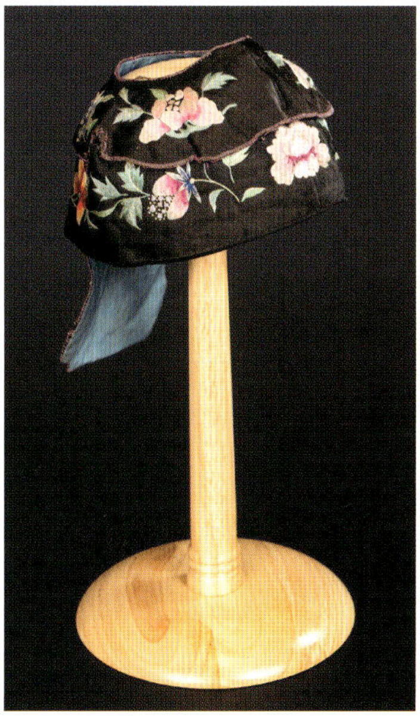

6 黑缎地钉线绣禄字纹无顶帽

此童帽形制为无顶帽，多在夏季佩戴。该帽分为帽身和帽尾两个部分，帽身为左右对称的两片式，整体造型分为左右两部分，沿中线缝合。织绣技法方面，帽身下侧有淡橙色绲边装饰，其上有用盘金绣绣成的呈二次方连续排列的波浪纹，在此纹样之上还有圆点和直线横向交替排列的织带。帽身上装饰部分的边缘处用外黄内蓝两层锁绣来修饰，其里侧还装饰有一层盘金绣。中间部分纹样的顶端用平绣技法绣出彩色花卉纹样。两侧的叶片状图案上有着用盘金绣绣出的脉络，帽子两侧的荷花状图案的顶端有着用平绣工艺绣成的点缀装饰。帽后侧有用锁绣绣成的蝴蝶纹样，中心处则有用钉线绣绣成的禄字纹。帽尾的边缘处用锁绣绣出如意云装饰，中间部分则有变体的如意云纹和太阳纹。配色方面，帽身主体颜色为黑色，帽身上的颜色以蓝色、绿色、橙色为主，其中以黄色、黑色作点缀。整体色彩的搭配既沉稳大气，完美诠释了中国传统色彩美学的精髓。在材质的选择上，这顶帽子采用了经典的绸缎面料，其质地柔软且富有光泽，不仅触感舒适，更展现出一种典雅而高贵的气质。

这顶帽子淋漓尽致地展现了东方传统文化的独特韵味与深远意境。其设计上的每一个细节都透露出对古老文化精髓的崇敬与延续。尤为引人注目的是，帽身上巧妙融合的莲花纹、禄字纹，这些图案不仅具备非凡的美学观赏性，更蕴含着丰富的文化象征意义。莲花纹，自古以来便是纯洁高雅、出淤泥而不染的象征，它寄托了人们对孩子心灵纯净、品性高洁的美好祝愿。禄字纹，则直接关联着福禄寿喜的传统观念，寓意着佩戴者将拥有富足的生活与顺遂的仕途，满载着长辈对孩子未来幸福安康的深切期盼。

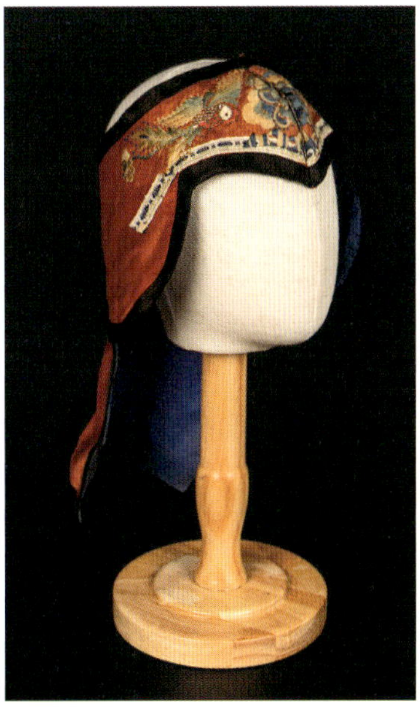

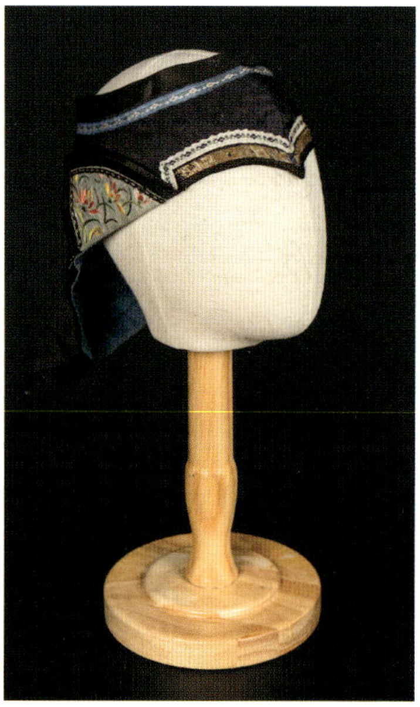

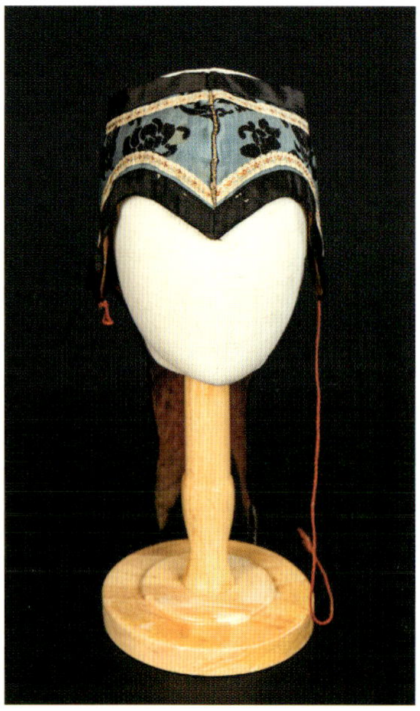

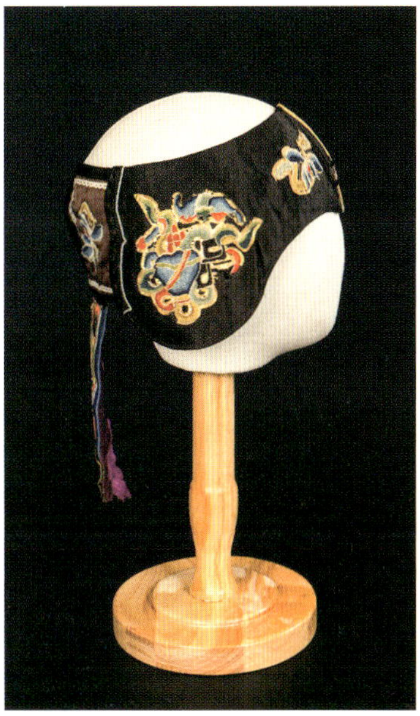

三、凉帽

1 黑缎地织金绣云龙纹八仙过桥凉帽

此童帽形制归于凉帽一类。帽子结构包括帽身、帽顶和过桥装饰三个部分。帽子主体呈碗形，贴合头部曲线，造型简洁大方，复杂的刺绣工艺与色彩搭配，展现出古朴与精致的美感。过桥的曲线与云纹交织，下垂的黑色的长穗轻轻摆动，增添了帽子的层次感和灵动感。织绣技法方面，帽身采用了织金绣的传统技法，在黑色缎地绣三只蝴蝶，并用黄线绣出“八仙来到”四个大字，蝴蝶纹与汉字交叉排列。帽顶有八卦图案，从图案处延伸出八片花瓣形状的布片，上面以精细的平针绣描绘出八仙的人物形象与云纹图案。每位仙人神态各异，手持各自的法宝，图案的轮廓使用金线勾勒，与云纹搭配，展现出丰富的神话故事意象。过桥用蓝色缎制成，中间用金线绣出一只蜘蛛，两侧对应绣出云朵和龙纹。色彩搭配方面，帽子整体色调以黑色为底色，陪以大面积蓝色，搭配金色和蓝色的刺绣线条，给人以高贵、典雅的感觉，是一顶非常珍贵的童帽。材质方面，以黑色缎和蓝色缎为主要面料，质地柔软且富有光泽。

此顶黑缎地云纹八仙过桥帽，不仅是一件工艺精湛的儿童头饰，更是亲人拳拳爱护之心的体现。八仙作为中国传统文化中的吉祥符号，象征着福寿安康、消灾避难。在童帽上绣八仙，是亲长对儿童的美好祝福，愿他们平安健康、前途光明。

2 黑缎地刺绣牡丹莲瓣堆锦童子镂空凉帽

此童帽形制为凉帽类型，多在夏季佩戴。其结构包括帽身与顶饰。织绣技法方面，帽身运用包梗绣绣制出牡丹与绿叶，顶部镂空。帽身最外侧的正面在黑地上运用平绣的技法塑造出红、粉、白渐变的牡丹花纹样造型，花瓣层次分明，栩栩如生，牡丹花两侧有两片绿叶，用包梗绣盘金绣塑造其叶筋脉络。帽身内侧是八片水滴形布片固定在一道黑地的帽围上，布片上同样以平绣的技法绣出四种不同的花草纹样，并以此连接帽顶的八片倒水滴形布片。帽顶的倒水滴形布片上也绣有八种不同的花卉草叶纹样，在最顶端有一个堆锦的童子形象，如同被莲芯包裹。这顶凉帽集包梗绣、贴布绣、平针绣等多种绣技、多彩绣线于一身。配色方面，帽子整体以红色和绿色为主，帽身帽顶的布片色彩丰富，有玫、橙、蓝、黄等色彩。红色作为帽身正面占面积最大的色彩，又被黑地衬托，给人以热烈浓郁的第一视觉感受，两旁的绿色又很好地与红色作了色彩对比。其余十六片布片皆经过精心的色彩搭配，如黄色地则绣紫色为主的花朵，再辅以浅绿色的茎叶。整体色彩搭配鲜明和谐，体现出传统服饰的色彩美学。

此顶凉帽充分展现了中国传统儿童服饰的艺术魅力和文化内涵。帽身正面的牡丹花叶寓意富贵吉祥，祈愿孩童生活绚烂多彩，福泽深长。在佛教艺术里，莲花象征圣洁纯净，代表心灵清净与超脱；童子则寓意无忧无虑与纯真。“莲花中坐童子”的形象传达了佛教对纯净、自由及无忧境界的向往。它不仅是艺术的展现，更是人们追求智慧、喜悦与心灵纯净精神的具象化表达，寄予了亲人对孩童能追求更高精神境界的美好祝愿。

3 红缎地堆锦刺绣『童子坐莲』过桥凉帽

此童帽形制为凉帽，多在夏季佩戴。其结构包括帽身、帽冠以及帽额前的过桥。织绣技法方面，帽身边缘有黑色绲边装饰，紧挨着绲边装饰还有绦子边修饰，其上织有二次方交替排列的变体“回”字纹与六瓣花。过桥边缘处用包梗绣绣出金色云边，过桥内有用平绣绣成的平面莲花纹。顶饰与帽身由两层荷叶状叶片连缀。两层荷叶状布片边缘处均有金色绲边装饰且其上有用平绣交替绣制的菊花纹和梅花纹。底层的荷叶状布片内层还有盘金绣装饰。帽冠莲藕形底座上有盘金装饰，冠身是一个由堆锦手法制成的童子形象，童子身上着有盘金装饰的服装，前后两片于腋下处缝合。帽身后侧及帽冠上装饰有向下垂的流苏，过桥处、帽冠处装饰有大小不一的绒球。配色方面，帽身主体颜色为红色，其中绦子边为蓝绿色。过桥处主体颜色为红色，其中图案以粉色、白色和蓝色为主，过桥两侧还有绿色的叶片形布片作为衬托。顶饰与帽身连接处的两层荷叶状布片均为红色，其上图案以绿色、蓝色、白色为主。帽冠处颜色组成较为丰富，底座为蓝绿色，童子身体为白色，其中五官为黑色，身上服装前为红色，后为蓝色。整体帽子的色彩搭配较为大胆，体现了传统美学的独特魅力。材质上采用了传统的绸缎，质地柔软细腻且富有光泽。

这顶儿童帽堪称精品之作，充分展现了中国传统服饰的艺术精髓与深厚的文化底蕴。帽身设计独具匠心，细节处处流露出对传统文化的敬仰与传承之意。特别是帽子中的孩童形象与莲花的图案。孩童与莲花的组合，常见孩童坐于莲心之上或手持莲花、坐于莲藕之上。“莲”与“连”同音，象征着连连得子、子孙繁盛绵延。综上所述，这顶童帽不仅具有实用性，更是一件承载着文化传承与美好祝愿的艺术珍品。

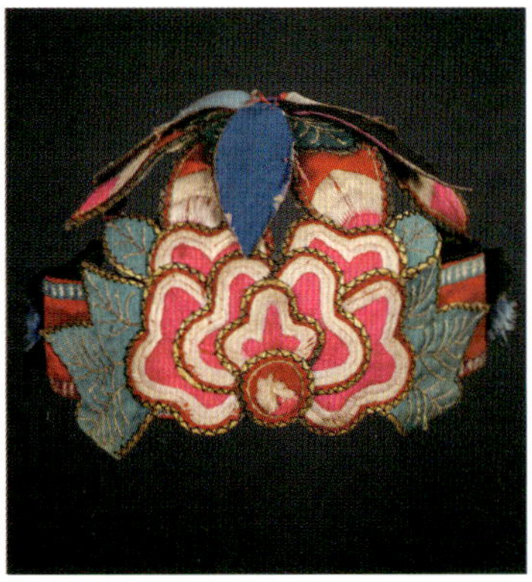

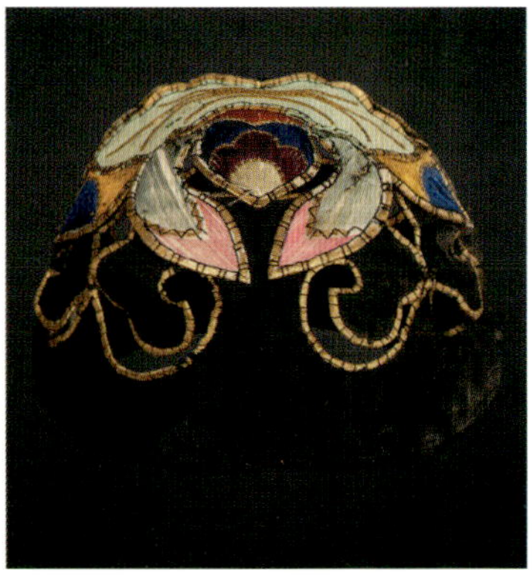

4

黑缎地攒花莲花流苏凉帽

此童帽形制为凉帽类型，多在夏季佩戴。其结构包括帽身与帽顶、帽后流苏。织绣技法方面，帽身正面用攒花的技法塑造出一朵盛开的莲花，莲花中心用流苏模拟了花蕊。帽身侧面则用平绣的技法在上下边缘处各绣了小巧精致的莲花莲叶纹样，中间部分则是从帽顶处延伸下来的莲蓬形象，用包梗绣描绘其形状，再用盘金绣和平绣的技法丰富其造型。帽顶的莲叶也是用包梗绣和盘金绣塑造出造型特征，另在中心顶端位置有一堆锦工艺制作的用莲藕拟人的童子形象，童子手中还怀抱一堆锦莲花。帽顶的背后有七根莲茎延伸到帽身，中间夹一排蓝绿色流苏，另在两侧也各有一攒花手法的莲花花苞，花苞旁的莲茎下方固定着两束流苏结。配色方面，此凉帽整体以粉色、绿色、蓝绿色为主，帽身以黑色作为基底，突出莲花莲叶的鲜艳色彩，帽身正面的粉色渐变莲花极为引人注目，中间的金黄色花蕊更是点睛，也与两侧的金黄色莲蓬、帽顶莲叶的金黄色叶脉在色彩上相呼应。靠近背后又有两朵较小的莲花花苞，呼应了前方的粉红却不抢夺主体，旁边垂下的两束大红色流苏将整顶凉帽的色彩推上更鲜艳的高峰。同时在帽顶使用了鲜艳的绿色、帽身后方的大面积流苏使用了清新的蓝绿色，以及帽身边缘刺绣使用的粉色、绿色，又使得此顶童帽的配色更加和谐。

此顶凉帽十分鲜艳夺目，且设计极其精美巧妙，各个技法以及元素都搭配得十分相宜，有很高的艺术价值。莲花的攒花技法以及各处的刺绣部分都凸显了民间工艺的醇熟，运用莲茎将帽顶与帽身连接到一起的设计和顶端的莲藕拟人的童子形象更是展现了百姓的智慧与童真的心性。“莲坐童子”这一意象既有“连生贵子”的希冀，也有“出淤泥而不染”的寄托，希望孩童健康成长、福寿绵长的同时也单纯快乐，寄托了民间百姓对孩童的美好祝愿。

5 红缎地莲花顶莲瓣镂空流苏凉帽

此童帽乃夏日清凉之佳品，形制归于凉帽一类，专为酷暑时节精心制造。其结构分为帽身与帽顶两大部分。就织绣技艺而言，帽身正面底部环绕一圈精心织就的红花绿叶纹样绦边，两侧则巧妙地用堆锦绣制作了两颗饱满石榴，石榴的绿叶部分更兼施盘金绣与贴金工艺，彰显非凡质感。帽顶设计尤为精妙，由顶部四瓣莲花与衔接帽身的八瓣莲花巧妙构成，均运用包梗绣技法细腻塑造，边缘处贴饰金箔，熠熠生辉。四瓣顶部莲花之上，以平绣技法绣制三片翩翩蝴蝶翅翼与一朵清雅兰花，下方八瓣则遵循“花-蝶-花”之序，以彩线平绣交错呈现，既生动又和谐。帽身正面，三朵莲花瓣下悬垂一串小巧流苏，流苏间点缀两颗圆润串珠，而帽身后方则饰以更长的流苏，随风轻摆，增添灵动之气。色彩搭配上，此凉帽以炽热的红色为主基调，蓝绿二色为辅，间或融入白、黄等色彩，既保证了视觉上的鲜明夺目，又实现了色彩的均衡与舒适。两侧淡色石榴与多彩流苏不仅丰富了色彩层次，更使主体红绿对比更为鲜明生动。帽身八瓣莲花之上，色彩对比大胆而和谐，红瓣之上刺绣白、蓝、绿花卉，蓝绿瓣上则绣制色彩斑斓的蝴蝶图案，相得益彰。帽顶四瓣更是色彩绚丽，蓝瓣衬粉兰，红瓣绣彩蝶，每一处细节皆透露出匠人的精湛技艺与独特审美。

此凉帽造型简约而不失设计感，色彩搭配大胆而和谐，实为儿童头饰之精品。帽身上的贴金装饰，不仅彰显了佩戴者家庭的富足，更体现了亲人对孩子的深切关爱与重视。两侧石榴寓意“多子多福”，兰花则象征着“花中君子”的高洁品质，而蝴蝶元素，既蕴含“福”与“耋”的美好寓意，寄托了亲人对后代子嗣兴旺、品性高洁、福寿双全、健康长寿的深切祝愿。总而言之，这顶凉帽不仅是夏日遮阳之物，更是凝聚了亲人无限祝福与期望的艺术珍品。

6 蓝绿缎地刺绣花卉镶镜过桥凉帽

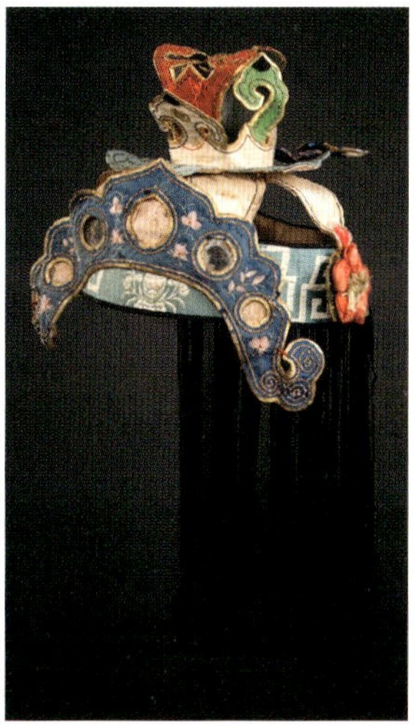

此童帽形制为凉帽，多在夏季佩戴。其结构包括帽身、帽冠以及帽额前的过桥。织绣技法方面，蓝绿色帽身边缘有黑色绲边装饰，其上有织成的几何纹样和花卉纹样。帽身两侧各缀有两片绿叶和一朵红花。过桥边缘处有两层装饰，其外一层是金色绲边装饰，其里一层是盘金绣。过桥上镶嵌五面镜子，以正中央的镜子最大，周围镜子依次变小。镜子附近有用平绣绣成的花卉纹样。顶饰与帽身由两层荷叶状叶片连缀。两层荷叶状叶片、帽冠的底座以及冠身的边缘处均有金色绲边装饰和盘金绣装饰。帽身后侧装饰有垂向下的流苏。配色方面，帽身主体颜色为蓝绿色，其中图案为白色。帽身两侧的花朵为红色。过桥处采用了深蓝色，其中图案以粉色和绿色为主，顶饰与帽身连接处的两层荷叶状装饰，其上一层为蓝绿色，下一层则为白色。帽冠处颜色组成较为丰富，底座为白色，两侧的如意头装饰为绿色，冠身则为红色。整体帽子的色彩搭配明快而大胆，体现了中华传统美学的魅力。材质上采用了传统的绸缎，质地柔软且具有光泽，极具典雅高贵的气质。

这顶凉帽堪称儿童帽中的精品之作，充分体现了中国传统服饰的艺术风采和深厚的文化底蕴。帽身设计别具匠心，细节处处透露着对传统文化的敬仰与继承。尤其是过桥处镶嵌的镜子，古人认为它有辟邪的作用。流苏不仅仅起到装饰和平衡的效果，更承载了制作者的美好祝愿。据说流苏越长，孩子的寿命越长，同时象征着孩子会顺风顺水。这顶童帽不仅实用，还是一件承载文化传承与祝福的艺术品。

贵
富

7

红缎地刺绣牡丹纹过桥凉帽

此童帽形制为凉帽，多在夏季佩戴。其结构包括帽身、帽冠以及帽额前的过桥。织绣技法方面，帽身运用包梗绣绣制出金边云纹，顶部镂空。过桥、帽冠以及帽身边缘处均用盘金绣勾勒，用平绣手法绣出花卉图案。过桥上绣有三朵形态各异的牡丹花，帽身分为两层，其外绣有若干朵均匀分布的花卉纹样，贴近头部的里层则绣有二次方连续式的花卉图案。帽冠的底座上有二次方连续的牡丹缠枝花样，在帽冠的冠身上则绣有一朵牡丹。帽子两侧均有枫叶形状的装饰，其上有用盘金绣绣出的叶子纹路。除此之外，该帽过桥顶部缀有一绒球、外侧帽身上则缀有均匀分布的三颗绒球；帽身后侧缀有流苏装饰。配色方面，帽身外侧主体颜色为红色，外侧过桥、帽冠处的花卉图案采用了蓝色与白色，帽身里侧主体颜色为黄色，里侧的图案则为绿色和粉红色。深蓝色流苏在深红色帽子的后侧，强化了帽子的色彩对比。整体色彩组合沉稳大气且富有冲击力，体现出中国传统的色彩美学。材质上采用了传统的绸缎，质地柔软且富有光泽，极具典雅高贵的气质。

这顶凉帽是童帽中的精品之作，充分展现了中国传统儿童服饰的艺术魅力和深厚的文化内涵。帽身设计精巧，细节处充满了对传统文化的尊崇与传承。特别是过桥处和帽身上的牡丹图案，这些富有象征意义的元素不仅具有极高的美学价值，还蕴含着对富贵与荣华的深刻寓意。此外，流苏除了起到装饰和平衡的作用，也包含了制作者祈福的心态，传说流苏有万事顺意的寓意。这顶凉帽不仅是实用的儿童服饰，更是一件传承文化、寄托祝福的艺术品。

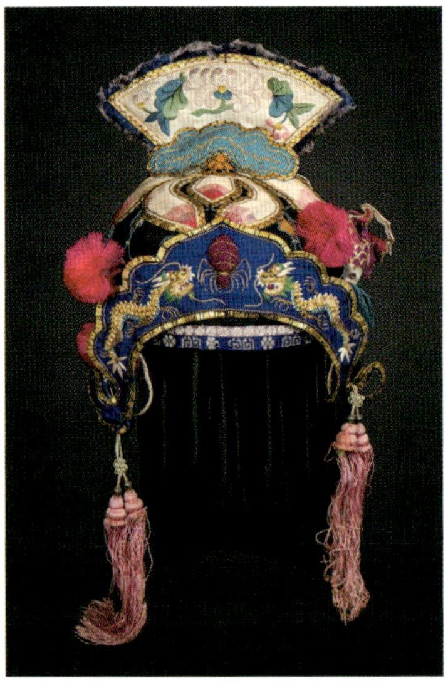

8 黑缎地贴布莲瓣绣『吉祥如意』过桥员外冠流苏凉帽

此童帽形制归于凉帽一类。其结构分为帽身、帽顶与过桥三部分。就织绣技艺而言，帽身云纹装饰、帽顶莲瓣装饰、员外冠部分和过桥部分都以包梗绣绣制出其具体形状，过桥部分中的圆镜也用包梗绣围出圆形。帽身底部用平绣技法绣出白色花叶。帽顶的莲瓣装饰上以不同的彩线平绣出形态各异的自然风格莲瓣、果实和花篮等造型，起到类似“画中画”的美感形态。莲瓣的莲叶中也用包梗绣的技法塑造其叶脉。帽顶的员外冠饰上以平绣技法绣出的“吉祥如意”四字。色彩搭配上，以黑色、蓝色为主，搭配红、绿、白等亮色，显示出此帽的色彩风格既沉稳大方又活泼天真。凉帽整体以黑色为底色，以色彩的不同打造出近远景的效果，过桥部分使用明度高的宝蓝色，在亮度上与后方的莲瓣、莲叶区别，并在帽身下方用一圈白色与浅蓝色辅助，也与帽顶的蓝绿色呼应。帽顶的莲瓣以白色做底色，以红、绿、蓝三色丰富其效果，这几个色彩明度和亮度都较高，为此凉帽的点睛之处。帽顶上方的员外冠饰则是黑地白字，在如此丰富的色彩搭配中也能得到凸显，顶端缝制有红、绿、紫、蓝多色组成的毛边，丰富多彩且不突兀。

此凉帽以独特的设计融合了员外冠的庄重与过桥装饰的童趣，又以莲花的纯洁高雅赋予更深的含义，象征着长辈对晚辈无尽的关爱与美好祝愿，寓意深远且充满温情。设计匠心独运，不仅展现了视觉上的和谐美感，更蕴含了深厚的文化寓意。员外冠饰顾名思义是亲人对孩童前途的美好愿望，过桥装饰则是当时流行的戏曲文化在服饰上的体现。莲花造型是我国传统文化里象征高洁的著名意象，体现出亲人希望孩童的未来不仅福禄双全，更要有高贵的品格。

9 黑缎地刺绣兰花过桥凉帽

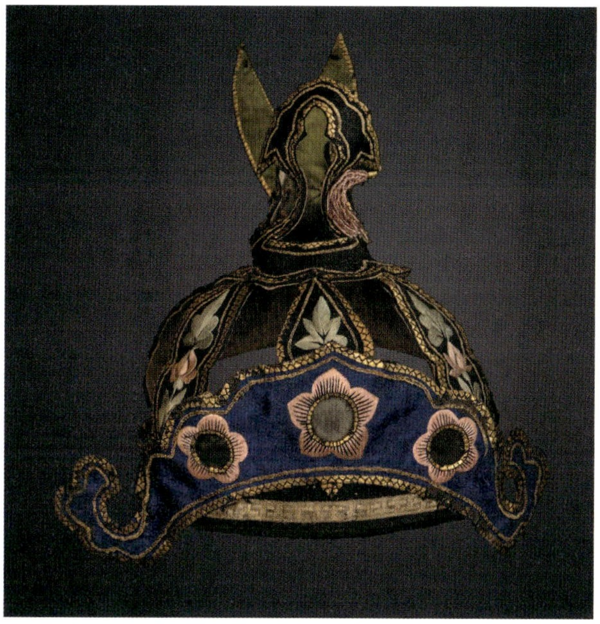

此童帽形制为凉帽，多在夏季佩戴。其结构包括帽身、帽冠以及帽额前的过桥。织绣技法方面，帽身边缘有黑色绲边装饰，紧挨着绲边装饰还有绦子边修饰，其上织有呈二次方交替排列的变体“回”纹。帽身主体镂空，由六片两边尖锐、中间凹陷的布片组成，其中用平绣技法绣有兰花纹样。过桥边缘处用包梗绣和贴金工艺装饰出金色云边，其内用盘金绣勾勒边缘。过桥内有用平绣技法绣成的三朵花卉纹，花卉中间镂空运用镶镜工艺。顶饰与帽身由一层荷叶状布片连缀，其边缘处用包梗绣和贴金工艺装饰，其内有盘金绣装饰。帽冠的底座和冠身边缘处同样有用包梗绣和贴金工艺修饰的金色云边，其内有盘金绣装饰。帽冠冠身上有向下垂的流苏。配色方面，帽身主体颜色为黑色，其中绦子边为黄色。过桥处主体颜色为蓝色，其中图案为粉色。帽身上的兰花纹样以粉色和绿色为主。帽冠处正面颜色为黑色，背面颜色为绿色。帽子的整体色彩搭配沉稳大气，体现了中华传统色彩美学的魅力。材质上采用了传统的绸缎，质地柔软细腻且富有光泽。

这顶凉帽设计别具匠心，细节中体现了对传统文化的崇敬与传承精神。特别是其中的兰花图案，象征着高贵典雅、超凡脱俗，寓意佩戴者具备高尚的品格。总的来说，这顶儿童帽不仅实用，还承载着文化传承与美好祝愿。

蓮

10

黑缎地镂空祥云莲瓣绣『富贵图』员外冠凉帽

此童帽形制归于凉帽一类。其结构分为帽身与帽顶两大部分。就织绣技艺而言，帽身和帽顶皆以包梗绣绣制，形成对称的祥云、莲瓣与莲叶形状，在这些布片的边缘还有贴金的工艺。帽身底端有两条织带作缘边，底端是变体“回”字纹与六瓣花，呈二次方交替排列，上方则是六瓣花。帽顶的莲瓣部分在花瓣尖端处用平绣的技法点缀色彩，莲叶部分也用包梗绣和贴金的工艺塑造其叶脉。帽顶员外冠上用贴布绣的技法，将“富贵图”三字的布片固定在冠上，在边缘处有黑色绲边装饰，还在顶部缝制了一排蓝色的毛边。色彩搭配上，以白、黑为主，点缀以绿、玫紫与蓝绿色，此顶童帽配色十分沉稳雅致，不似一般童帽的鲜艳亮丽，正如此帽帽顶的“富贵”二字所描述的，帽身中间的黑色与金边搭配十分低调但透露出富贵的底蕴。帽顶的员外冠也以白色为底色，贴以黑色的字体，帽顶一排蓝绿色的毛边也属于低调的冷色系。帽顶的莲瓣与莲叶也使用了大量金色作为边缘色，同时在莲瓣上绣三分之一的玫紫色，又用绿色塑造莲叶、黄色塑造莲蓬，这些少量的亮色在整个童帽中起到了点睛之笔的作用，使得以白、黑为主体色的凉帽不过分具有垂暮之气，尽显此童帽使用者家庭的富裕、沉稳的特点。

此凉帽与大部分造型夸张、色彩丰富的童帽有所不同，设计更加沉着大方，款式虽简约却处处透露着亲人对孩童的美好祝愿。员外冠体现出亲人希望孩童知识渊博、心地善良、为人正直、身份尊贵、受人拥戴。而大量金边的使用印证了此孩童的家境优越，“富贵图”寄托了亲人对孩童福禄双全、富贵无极的美好祝愿。

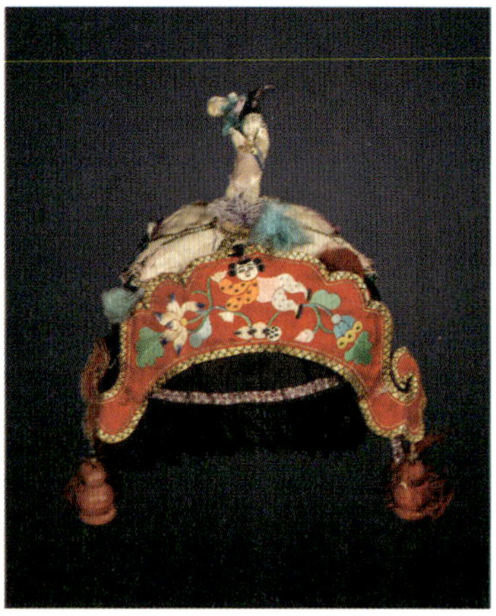

锦绣童帽——传世虎头帽文化图鉴

童帽

第三章

冬阳映雪　银霜织暖

1

绿缎地堆绫平针绣花卉纹虎头风帽

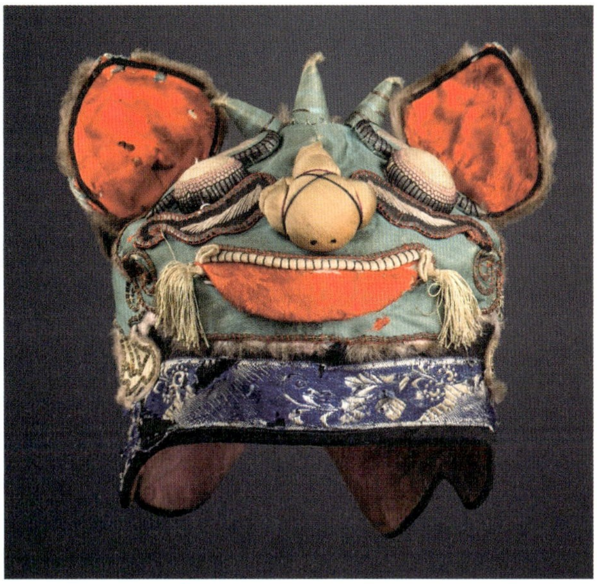

这顶虎头风帽是一件独具特色的传统儿童风帽，适用于寒冷季节。其设计风格结合了威猛的虎头形象，整体造型夸张生动，具有强烈的装饰性与象征性。这顶风帽的结构包括帽顶和帽身。帽顶呈圆形，贴合儿童头部，确保稳固性和舒适性。工艺方面，设计者采用了堆绫工艺，通过在面料下垫棉花来塑造立体的五官。帽子的正面为绿缎地底色，老虎的鼻梁和眼睛使用了堆绫工艺，眉毛、嘴巴等部位通过贴布绣缝合而成，并在眉毛位置使用钉线绣装饰。老虎张开的嘴巴使用了红色和粉色布料，通过另一类钉线绣技法勾边，并加上了立体的尖牙装饰，使其威猛的形象更加突出。虎耳背部为蝴蝶图案，采用细腻的平针绣技法；边缘采用流苏装饰，好似虎鬃，增强了造型的立体感和动态感。帽子底部的花卉图案使用平绣缝制。配色方面，帽子以绿色为主调，虎耳与虎嘴部的色调为红色，底部为黑色和蓝色。多种颜色混合形成鲜明对比。主体绿色的使用不仅带来视觉上的冲击力，还赋予帽子生命力与神秘感，增强了儿童佩戴时的可爱与威猛的双重感觉。材质方面，帽子的外层为绿色缎地，内衬为柔软的棉质材料，确保了佩戴时的舒适性和保暖性能。

这顶绿缎地堆绫平针绣花卉纹虎头风帽通过夸张的兽面设计和复杂的刺绣工艺，充分展现了传统童帽中驱邪避灾、祈福护佑的文化内涵。威猛的兽面象征着力量与勇气，花卉图案则传递出吉祥如意的祝福。作为一件工艺精美的童帽，它不仅具备保护儿童的实用功能，还承载了深厚的文化象征寓意。

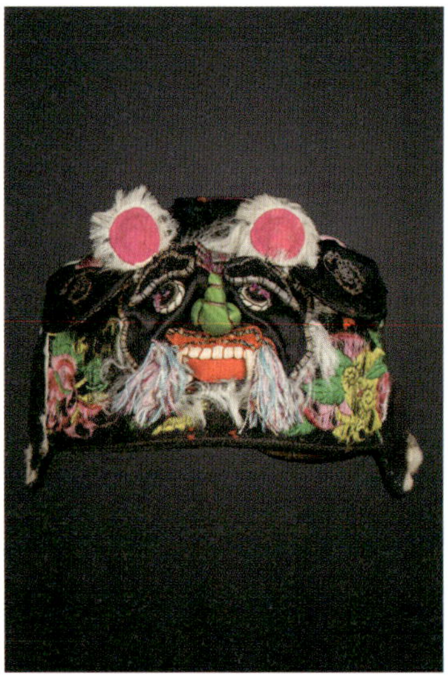

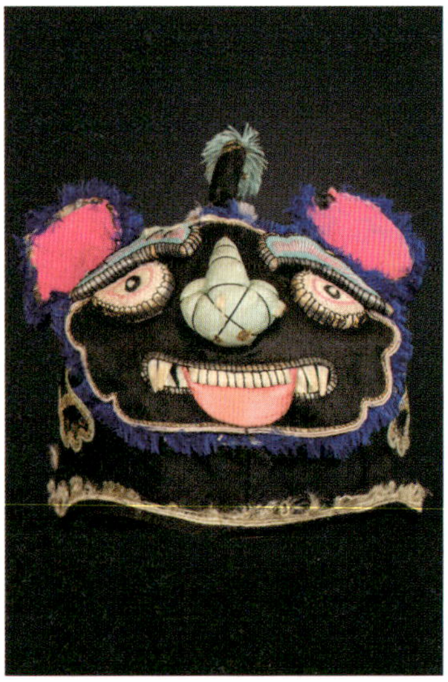

2 红缎地堆锦贴布绣莲花纹虎头风帽

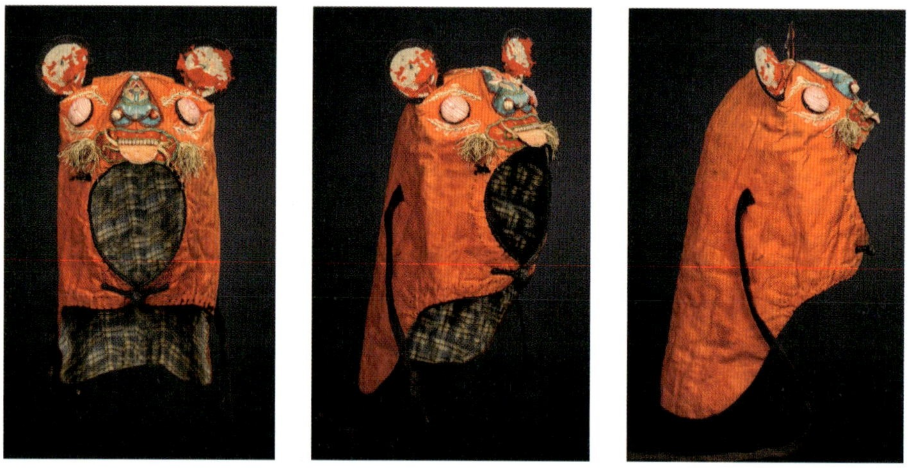

这顶虎头帽属于风帽类型，适合冬季佩戴。其结构包括帽额、帽顶、帽身和披风四部分。帽顶可覆盖额头，帽耳与披风为一个整体，帽耳较长，延伸至下巴以包裹头部，并用一粒盘扣连接，披风长及肩部。该风帽为左右对称的两片式，整体造型分为左右两部分，沿中线缝合。织绣技法方面，帽额及帽顶施用多种工艺技法塑造虎头形象：眉毛使用锁链绣配合立体短线，生动活泼；鼻部使用堆锦工艺中的浮雕拔工艺，鼻上方平绣莲花纹，中部盘金绣半圆形分割线，外沿使用包梗绣，鼻孔处置红色立体圆球；口部使用贴布绣外用包梗绣，虎牙内充棉达到立体效果；胡须处以流苏装饰，布料边缘处包黑色绲边。该虎头造型简约、圆润、立体，尤其在眼部和鼻子部分，视觉冲击力很强。配色方面，帽身主体为红色，虎头的眼睛采用淡粉色钉金珠，鼻子部分采用湖蓝色，上绣白粉色莲花，与红色形成鲜明对比的同时又保持统一性。绿色包梗绣点缀在虎口，口内钉绣黄色星，与胡须、眉毛相呼应，更具视觉层次感，整体色彩绚丽活泼又和谐统一。材质上采用多种传统织物，外层为红色绸缎，里衬为黄蓝格纹棉质面料，柔软舒适。

虎头帽是传统兽头童帽的一类品种。虎在中国传统文化中象征着力量与勇敢，虎头帽更多承载的是长辈对孩子的希望，希望他们在成长道路中能消除邪魔，像虎一样强大，并健康茁壮成长。虎鼻处的莲花纹象征着高洁的品质，代表着长辈殷切的希望。

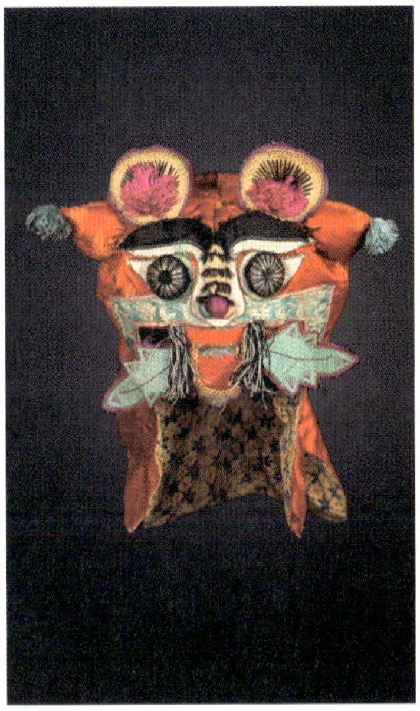

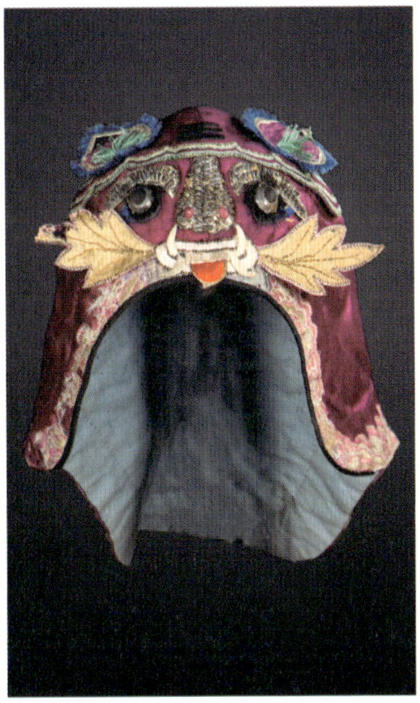

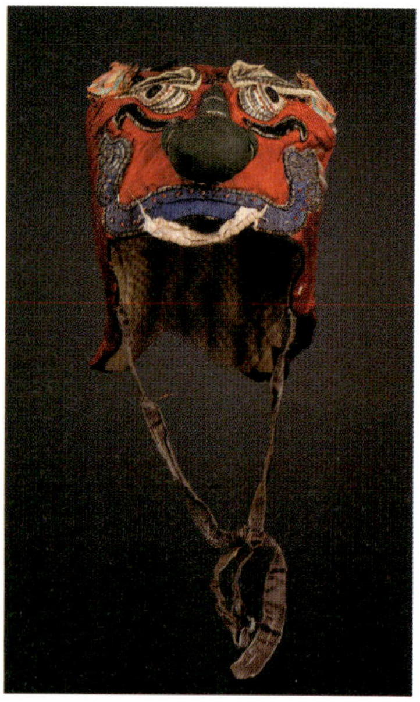

3 提花绿缎地堆锦贴布绣过桥虎头风帽

这顶风帽整体造型为一只老虎，多在冬季佩戴。其结构由帽身、披风、帽耳、帽顶及过桥五个部分组成。此帽披风、帽耳及帽身都较长，可以将整个头部至颈部完全盖住。织绣技法方面，过桥部分使用平绣、戗针绣的技法刻画了一朵娇艳欲滴的桃花并配有绿叶，边缘处使用锁绣进行装饰及固定。桃花在中国传统文化中象征着吉祥、幸福和美好，被视为春天的象征，代表着新生和希望。在过桥的两边还有流苏缀饰，孩童戴上之后，流苏随着身体的律动摆动，十分可爱。老虎使用贴布绣工艺贴在帽顶上，尾巴立体且翘起，整体造型显得十分乖巧。虎头使用盘金绣、锁绣及平绣的技法进行装饰，虎嘴上的牙齿使用白色绸缎折叠工字褶装饰，构思巧妙，刻画了一个活泼憨厚的老虎形象。帽子里面由多色布拼接而成，然后使用绗缝的技法进行缝制。配色方面，帽身主要由绿色提花缎料缝制，帽子边缘处使用藕粉色丝线进行装饰，过桥整体使用深蓝色缎面，上有粉色、绿色等颜色的装饰，虎头使用橙色缎面，四爪使用暖白色缎面，虎嘴处使用粉色丝线平缝而成，嘴边有青绿色的缎面制成的叶片。整体来说，这顶虎头帽的色彩丰富，颜色明快，适合儿童佩戴。

这顶风帽除却生动逼真的虎头饰件这一显著特征外，其最为引人注目的设计亮点在于帽檐上所嵌入的过桥装饰元素。过桥作为一种常见于北方儿童帽饰中的弧形构造，其两端优雅地呈现为如意云头形态，而中部则保持等宽并向上弯曲成桥状，因此得名“过桥”，此设计灵感最初可追溯至戏曲服饰中的盔头装饰艺术。值得注意的是，在多数装配有过桥装饰的帽子上，两侧皆巧妙地搭配了色彩斑斓的流苏或穗子作为点缀，进一步增添了帽饰的审美韵味与文化内涵。

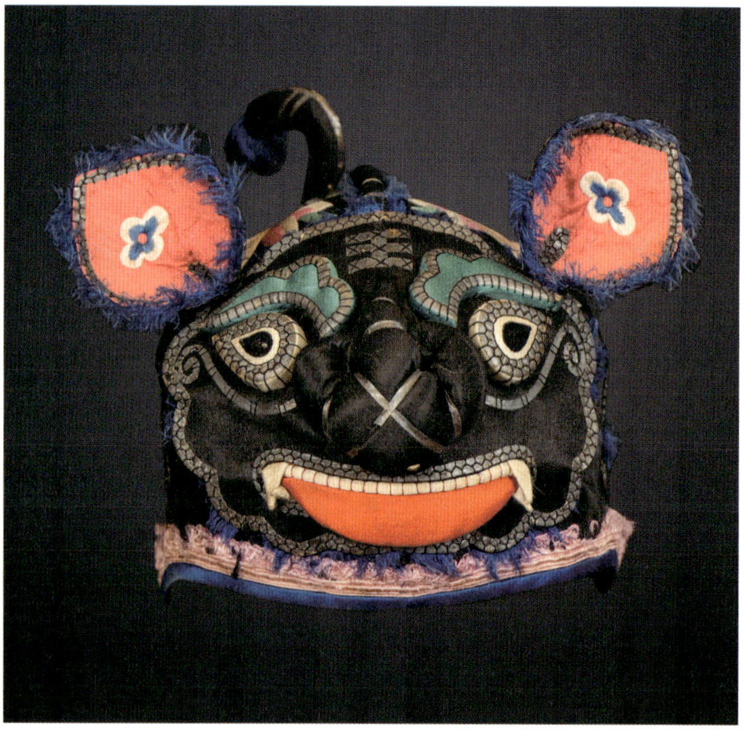

4 黄缎地堆绫贴布绣虎纹虎头风帽

这顶虎头风帽属于传统的、儿童冬季佩戴的风帽，结构包括帽顶、帽身和披风三个部分，旨在保护头部和颈部免受寒风侵袭。帽顶圆润，披风可延伸至颈后部，具备良好的保暖性。帽子的整体造型中心对称，帽顶与帽身上下缝合，各部分以中线为轴缝合，保持了稳定的结构。工艺方面，运用多种织绣技法，呈现出立体感与平面相结合的生动虎头形象，通过在面料下垫棉花增加厚度，使图案更加生动。老虎双目采用了突出式的立体堆绫装饰，眼部外圈以绿色绣线勾勒，内圈为圆形的装饰物，产生虎目炯炯有神的效果。鼻子与嘴部连为一体，部分则运用了贴布绣，配合细腻的锁绣技法，形态简练却富有表现力。帽身黑色虎纹为拉锁绣，此外虎嘴部呈紫红色，亦用线条流畅的锁绣勾画，虎须通过白色线绣垂下，富有动态感，进一步增强了虎头的威严和生动。帽身周围的花卉纹样使用了剪纸绣，并配合钉线绣作为装饰。配色方面，帽身主体为橙色，象征着活力与阳光，与橙色呼应的是黑色的虎纹。眼部和耳朵内侧采用绿色和紫色绣线，与帽身的橙色形成强烈对比，赋予帽子层次感。披风大体为蓝色，进一步增强了色彩的丰富性与对比度。此款虎头帽纹样独具特色，除了黑色的虎纹之外，在帽身周围还饰有莲花纹，披风上绣八仙纹，暗示受八仙庇佑。材质上，帽子的外层为黄色缎地，内里采用柔软的棉质材料，披风部分使用了蓝色的棉布，以提高佩戴的舒适性和保暖性能。

虎在中国传统文化中象征着勇敢与力量，尤其适合作为儿童佩戴的帽饰的元素，寓意辟邪、长寿与健康。这顶虎头帽的设计精致、工艺复杂，传递了对儿童平安、强壮成长的美好祝愿。

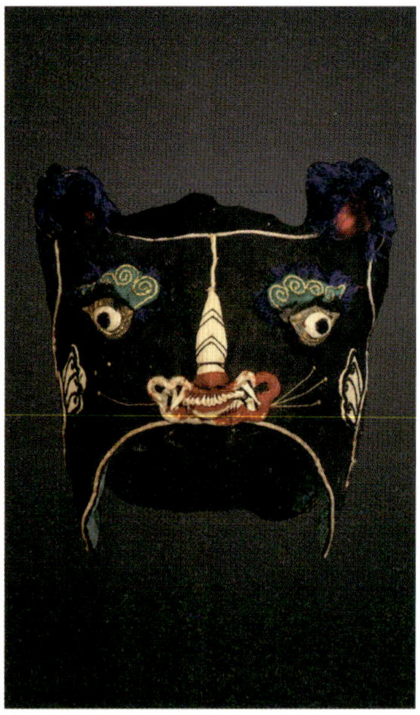

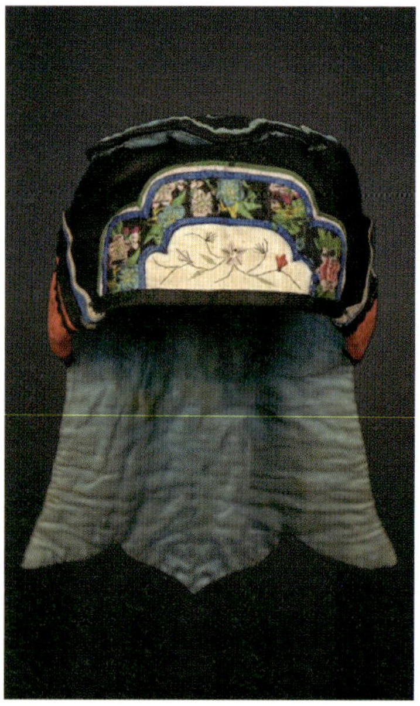

5 黑缎地贴布绣牡丹花纹虎头风帽

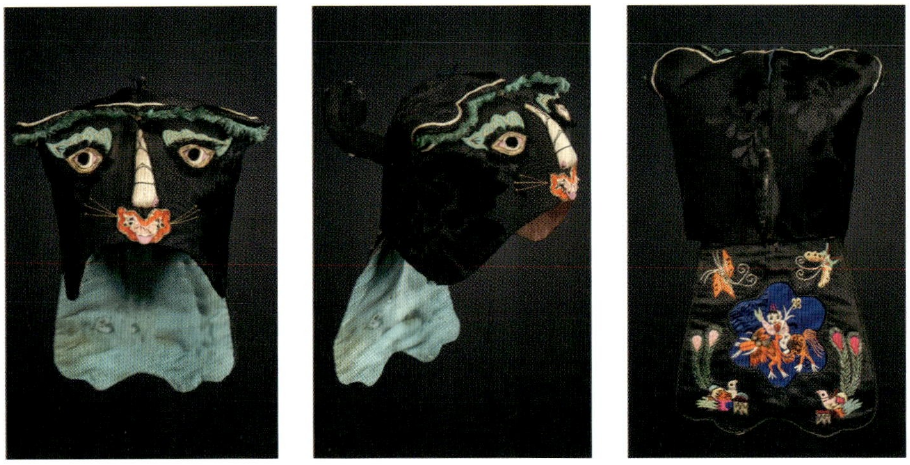

这顶虎头帽属于风帽类型，适合冬季佩戴。其结构设计巧妙，包括帽顶、帽身、帽耳和披风四个部分。帽顶宽大，可覆盖额头，帽耳较长以覆盖双耳，披风长及肩部。此帽采用了左右对称的两片式结构，整体造型分为左右两部分，沿中线缝合。织绣技法方面，帽额及帽顶施用多种工艺技法塑造虎头形象：老虎的五官采用贴布绣，眉毛的祥云采用双金线绣。帽身的牡丹纹样与披风的蝴蝶、孔雀、儿童都采用平绣，细腻精致、栩栩如生，为虎头帽增添艺术魅力。老虎耳尖、眼周以流苏装饰。该虎头造型较为立体，尤其在鼻子部分，填充了棉花，更具视觉冲击力。耳朵向外突出，整体造型宽厚圆润，尾巴向上翘起，增添俏皮感。配色方面，帽身主体为黑色，虎头的眼睛和耳朵部分则采用了蓝绿色，与黑色形成了鲜明的对比，给人清新之感。绿色流苏点缀在虎头上，打破了单一色调的沉闷，富有视觉层次感。整体色彩搭配和谐统一又不失绚丽活泼。材质上采用多种传统织物，外层为黑色绸缎，刺绣牡丹花，里衬为蓝绿色棉质面料，柔软舒适、保暖亲肤。

除了独特的设计美学外，虎头帽同样蕴含着丰富的文化。在中国传统文化中，虎被视为山神的象征，代表着力量和勇敢，能驱邪避灾。“兽”与“寿”同音，寓意着长寿与吉祥。帽身的牡丹花纹还象征着富贵与地位，祝福儿童一生富贵荣华、有前程似锦的美好未来。

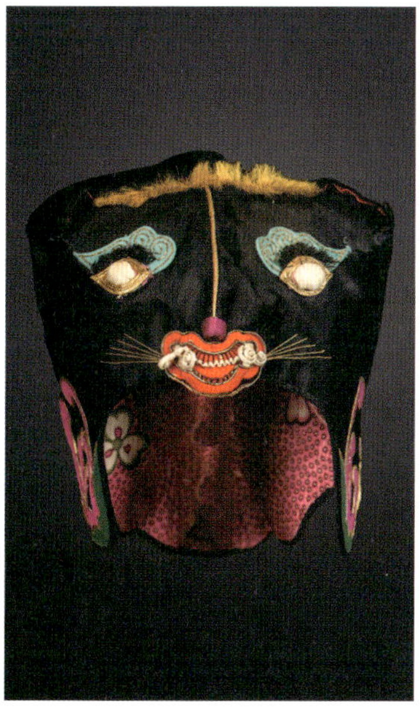

6 虎头风帽 红缎地刺绣牡丹花纹

这顶虎头帽属于风帽类型，适合冬季佩戴。其结构包括帽顶、帽身、帽耳和披风四个部分。帽顶可覆盖额头，帽耳较长以覆盖双耳，披风长及肩部。该风帽为左右对称的两片式，整体造型分为左右两部分，沿中线缝合。织绣技法方面，帽额及帽顶施用多种工艺技法塑造虎头形象：老虎眼睛、嘴巴、牙齿处采用包梗绣；鼻子处用盘金绣缘边，鼻孔用堆锦工艺塑造；眉毛以及眼睛下的花纹用毛毡的形式表现；胡须、耳朵处以流苏装饰。该帽帽顶有用平绣工艺绣成的牡丹花卉纹样。该虎头造型较为立体，尤其在眼部和鼻子部分，通过立体造型的方式增强视觉冲击力。耳朵向外突出，整体造型宽厚且圆润，赋予虎头威严而富有生命力的形象。配色方面，帽身主体为红色，虎头的眼睛和耳朵部分则采用了白色。绿色流苏点缀在虎头两侧，打破了单一色调的局限，使帽子更具视觉层次感，使整体色彩绚丽活泼而和谐统一。材质上采用多种传统织物，外层为红色暗纹绸缎，里衬为黄底红花面料，柔软且富有光泽，以确保佩戴时的舒适性。

虎头帽是传统兽头童帽的一类品种。虎在中国传统文化中象征着力量与勇敢，被视为山神的象征，能驱邪避灾。“兽”与“寿”同音，以表达长寿的寓意。此外有些地区佩戴虎头帽还有“贵子贱养”的含义。帽身的牡丹花纹还象征着富贵与地位，寓意孩童将拥有一生的富贵荣华和美好未来。

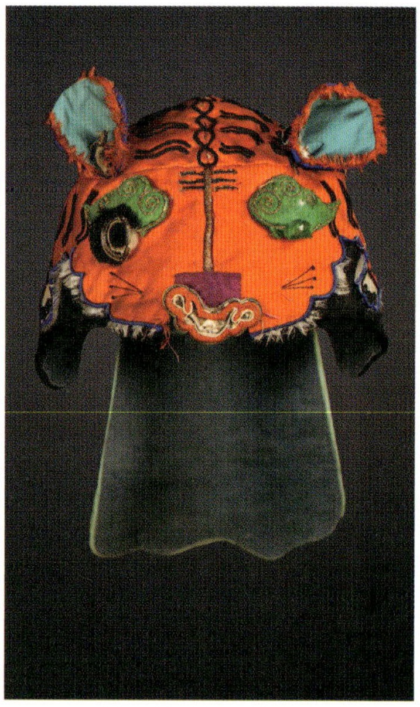

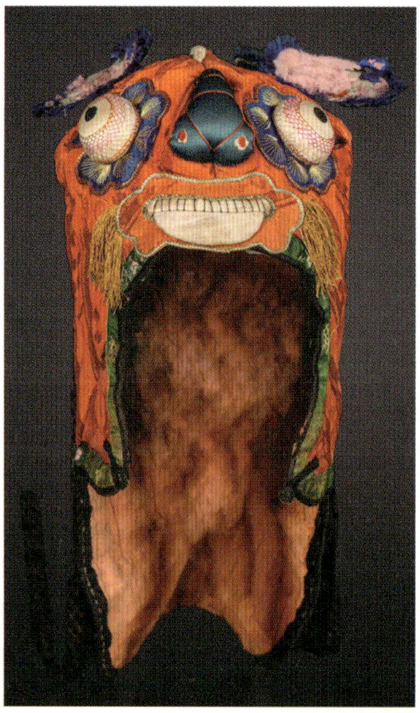

7 绿缎地堆锦贴布绣狮头风帽

这顶风帽造型独特，色彩淡雅，整体形象为一只狮子。首先从最有特点的狮子造型来看，狮子整体使用绿色缎面制作，耳朵及舌头处使用粉色缎面，鼻子下方点缀红色缎面，并且全部用红、黄等色丝线进行锁边装饰。除此之外，狮子耳朵及耳下方均有花卉纹样的刺绣，右耳的眼珠虽已遗失，但整体灵动的狮子造型却丝毫不受影响。这顶狮头帽由帽顶、帽身、帽耳及披风四部分组成，帽檐较深、齐眉，披风大约至后脑勺处。整体为左右对称样式，由中线将其分为两半，在披风处可以明显看到缝合的中线。耳边及尾巴处用毛边进行装饰，刻画了一个憨厚可爱的狮子形象。帽身及披风部分整体由黑色反光缎面制成，底部贴缝一圈粉色缎面，粉色缎面下面贴缝一圈蓝色缎面。值得注意的是，在粉色缎面之上还刺绣着两种图案，它们分别是“福禄寿”中的“禄”字纹和“寿”字纹，这包含着人们对长寿健康、高官厚禄的追求和期盼，同样也包含了父母对子女成龙成凤、健康顺遂的祝福。

狮头帽作为传统儿童虎头帽的变形体，在造型、制作及意义上与虎头帽类似。狮子虽非中国本土物种，但是其传入国内的历史较为久远，民间也流行例如舞狮一类的活动，它是我国传统民俗文化中的祥瑞之兽，也是智慧和力量的化身。在童帽中运用狮子形象，表达了对孩童的祝愿，希望他们像狮子般勇武、强壮。

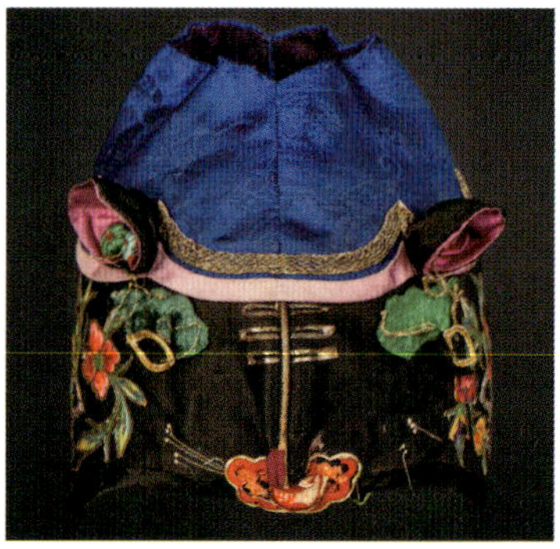

8

蓝缎地堆锦盘金绣牡丹花纹狮头风帽

这顶童帽为狮头风帽，狮头部分主要为蓝色缎面，在狮子耳朵、眉毛、面部、尾巴处都有金色缎面镶边及毛边装饰，并用黑色丝线进行锁边，起到修饰和固定的作用。除此之外，在狮子耳朵、下巴、狮身部位使用盘金绣装饰。狮头上原有五个椭圆形尖角，最左侧尖角遗失，只留四个。在尖角之后还有牡丹花纹样的刺绣，使用平绣技法制作。狮头风帽下半部分使用黑色缎面制作，分为披风、帽耳两个部分，在帽身边缘处缝制一圈金色绸面装饰。帽耳处缝制一条淡紫色系带，以便穿戴时固定。整体色彩饱和度较低，但使用红色缎面作为狮子舌头，从沉闷的色彩中跳脱出来，十分有趣，起到了画龙点睛的作用。正是因为如此，一个憨厚可爱、栩栩如生的狮子形象便跃然帽上。在帽子内衬方面，帽耳使用绛紫色，上绣黄色花卉纹样，其余使用青色棉质面料，保证了佩戴时的舒适感和保暖性。

这顶蓝缎地堆锦盘金绣牡丹花纹狮头风帽通过可爱的狮子造型和丰富的刺绣工艺，传递了力量与保护的象征意义。狮子在传统文化中代表勇气和威严，而该帽通过狮子形象向儿童传递出勇敢、活泼的精神，是一顶集文化、装饰与实用功能于一体的儿童风帽。

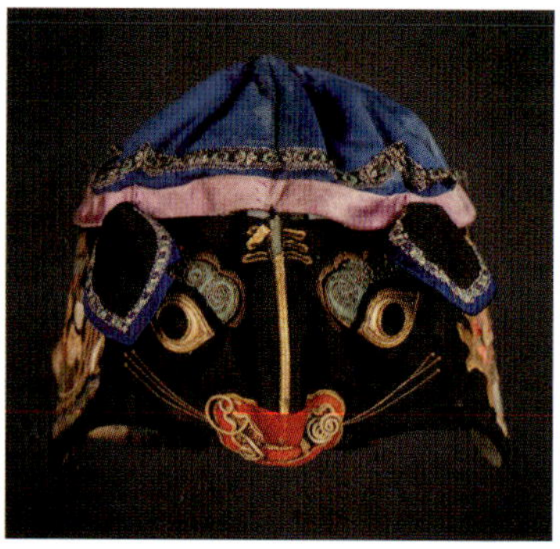

9

绿缎地堆绫贴布绣花卉纹狮头风帽

这顶狮头风帽是一顶独具特色的传统儿童风帽，适合在寒冷季节佩戴。其设计风格结合了威猛的兽面形象，整体造型夸张生动，具有强烈的装饰性与象征性。风帽的结构包括帽顶、帽耳、帽身和披风四个部分，帽耳宽大贴合于帽身两侧，提供良好的保护和保暖功能。帽顶呈圆形，贴合儿童头部，确保稳固性和舒适性。工艺方面，这顶风帽主要采用了堆绫和贴布绣的传统技法。兽面采用了堆绫工艺，通过在面料下垫棉花来塑造立体的五官。帽顶和帽身为绿色缎地，兽面部分凸出的鼻梁为堆绫，眉毛、眼睛、嘴巴等部位通过贴布绣缝合而成。兽面张开的嘴巴使用了红色和粉色布料，通过锁绣技法勾边，并加上了立体的尖牙装饰，使其威猛的形象更加突出。狮耳部分装饰有花卉图案，采用细腻的平针绣技法，花朵的细节和色彩对比鲜明，进一步丰富了帽子的视觉效果。狮耳的外部边缘采用流苏装饰，好似鬃毛，增强了造型的立体感和动态感。帽子的披风与帽耳部分为红色缎地，同样运用了锁绣技术沿边装饰，保证了结构的牢固性与耐用性。配色上，帽子以绿色和红色为主调，与黑色和白色等颜色，形成鲜明对比。绿缎地的使用不仅带来视觉上的冲击力，还赋予帽子生命力与神秘感。红色披风的加入，使整体色彩更加活泼，营造了儿童佩戴时的可爱与威猛的双重感觉。材质方面，帽子的外层为绿色缎地，内衬为柔软的棉质材料，确保了佩戴时的舒适性和保暖性能。

这顶绿缎地堆绫贴布绣花卉纹狮头风帽通过夸张的兽面设计和复杂的刺绣工艺，充分展现了传统童帽中驱邪避灾、祈福护佑的文化内涵。威猛的兽面象征着力量与勇气，花卉图案则传递出吉祥如意的祝福。作为一件工艺精美的童帽，它不仅具备保暖的实用功能，还承载了深厚的文化象征意义。

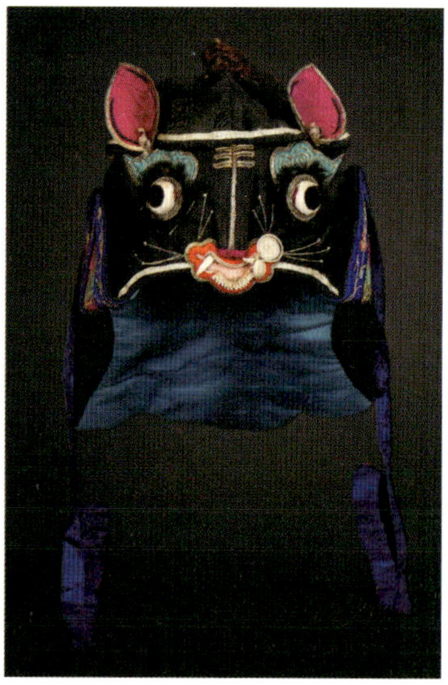

10

青缎地堆锦贴金绣龙头风帽

这顶童帽为风帽，其最大的特点便是帽身上诙谐可爱的龙头造型。龙头风帽由帽顶和披风两部分组成。在结构上也与其他风帽不同，披风的尺寸明显较小，并且长度只至后脑勺处，可见其观赏性大于实用性。工艺技法方面，主要是在龙头造型上，在龙角、龙鼻等部分大量使用贴金绣，并且使用了两种不同色泽的丝线进行装饰固定。除此之外，还在龙眉处少量使用平绣装饰。在龙鼻上还装饰卍字纹、铜钱纹，卍字纹带有浓厚的佛教色彩，被视为吉祥和功德的符号，而铜钱纹是一种装饰性很强的纹饰，寓意招财进宝、大富大贵。龙眼、龙须、龙角及龙眉使用堆锦绣，里面加入填充物使之膨鼓起来，呈现立体效果，龙眼上用黑色珠子点缀成眼珠，龙头周围加上了毛须装饰，整体看上去和谐自然，充满童趣。此顶龙头风帽整体以青、黑两色为主，偶有红色、黄色进行点缀。颜色明度都较低，使得此帽看起来更加清丽和谐。材质上使用有光泽的缎面进行制作，有光泽的缎面使得纯黑的披风没有那么沉闷、单调，增加了一丝华丽的感觉。

龙头帽属于兽头帽的一种，并且多在龙年穿戴，民间有“戴龙头，当龙头”的说法。龙作为中国传统文化中十分常见的元素，因威风、神秘的形象受到喜爱。父母给孩子佩戴龙头帽，期望孩子吉祥如意、平安顺遂。

11 黑缎地堆锦贴布盘金绣麒麟风帽

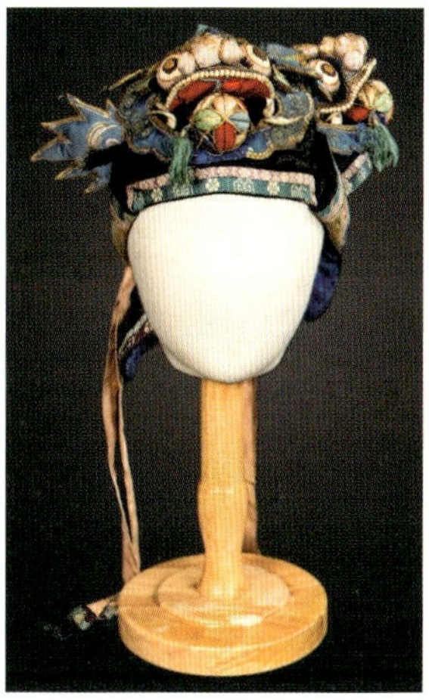

这顶童帽属于风帽品类，质地厚实，适合冬季佩戴。其结构包括帽顶、帽身、帽耳、披风四个部分。帽顶上缝缀一个衔球麒麟的形象，这也是这顶帽子最大的特色，帽身分为左右两片，沿着中线进行缝合。织绣技法方面，麒麟背上有许多金色的盘金绣组成的圆圈形纹样，在麒麟四肢、头部等位置使用锁边绣进行固定和装饰，在帽耳部分使用平绣的技法缝制了兰花。兰花是中国传统花卉之一。自古以来，人们就把兰花视为高洁、典雅、坚贞的象征，通过兰花寄托对子女的无限期盼。配色方面，帽身及披风处使用黑色缎面，帽檐处缝缀一圈紫色和蓝色的装饰，帽耳的系带使用粉橙色缎面，麒麟面部使用蓝色、红色、白色、绿色等多色布料缝制，色彩搭配协调，多种颜色的拼接打破了帽身主体黑色的沉闷，既增添了层次感又突出主体。材质上，外层多用黑色、蓝色的绸缎，里布使用淡黄色质地的棉质面料，这种组合方式不仅赋予了这顶童帽富贵美观的外形，又为其增添了保暖舒适的实用性功能。

在中国传统文化里，麒麟是吉祥、幸福、瑞气和长寿的象征，与龙、凤、龟并称为四灵，享有尊崇而独特的地位，蕴含着丰富的象征寓意。麒麟被视为一种仁慈之兽，代表着善良本性、正义精神和高尚道德。它的现身往往预示着国家的昌盛，是吉祥之兆。古代人深信，麒麟的出现象征着太平盛世或贤明君主在位，因此，常以麒麟比喻才德兼备的杰出人物。由此可见，父母在童帽上加上麒麟形象，是希望子女能成为优秀的人。

12

黑镶红蓝缎贴布绣花卉纹猪头风帽

此童帽形制为风帽类型，多在冬季佩戴。其结构包括帽身、帽尾两个部分。织绣技法方面，于帽额之上运用平针绣和贴布绣的针法缝缀出猪的眉眼、下耷的猪耳、圆圆的猪鼻，最为显实的便是以彩缎贴布绣缝缀装饰出猪的嘴巴，并采用平绣针法绣出花蝶纹作为装饰。帽顶部分以平绣针法刺绣出花卉纹样。帽身底边采用绲边装饰，丰富细节。其边缘采用毛边装饰猪的毛发，整体造型形象生动。配色方面，帽身主体为黑色，在猪头造型的眼睛、耳朵和嘴巴部分分别采用白色、红色和蓝色的缎布拼接，帽顶部分分别以绿、粉、红、白四种彩线刺绣出花卉纹样，丰富颜色，营造视觉亮点。材质上以最为常见的黑缎为地，富有光泽、柔软舒适，仅采用三种颜色的缎料结合略微夸张的艺术手法拼接出猪的形象，配色简单却不失装饰效果。

“作为十二生肖之尾，在民间，猪不仅是丰收与财富的象征，同时还有另一种吉祥寓意。古代每逢科举考试时，商家就会专门烹制熟猪蹄大肆售卖，因‘熟蹄’与‘熟题’同音，引得众考生争相购买，就是为了图一个‘熟悉考题’，进而‘朱题金榜’的吉兆，加之‘猪’与‘诸’谐音，因此又有了诸事如意的吉祥寓意。”因此，以猪的形象作为童帽的装饰主题，既是出于远古时期就已形成的以猪作为生灵崇拜对象这种古老习俗，同时也是借猪的习性与谐音，表达出长辈对处于成长阶段的孩童能够像猪一样憨吃酣睡、无忧无虑、保持一个健壮的身体的美好心愿，以此表达诸事顺利、诸事大吉等内涵丰富的吉祥寓意。

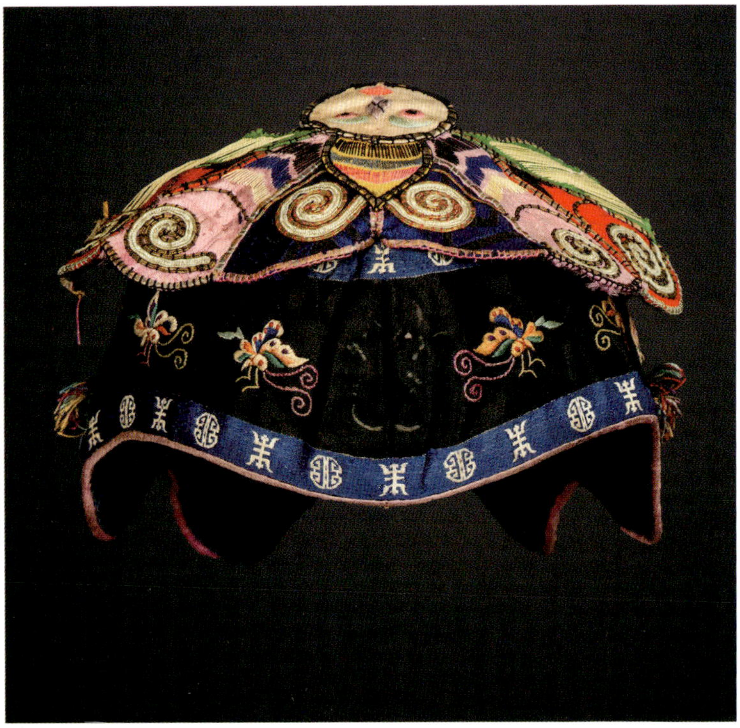

13 黑缎地贴布绣桃花纹猪头风帽

这顶童帽型制为风帽类型，适合冬季佩戴。其结构由帽顶、帽身以及披风三个部分组成。帽顶设计能覆盖住幼童的前额，同时留出脸部区域。帽身两侧以及脸颊两侧处装有系带，可以方便地系于幼童的下巴下方，有效防止帽子滑落，起到稳固佩戴的作用。帽子后部则设计有向后延伸的帽片，能够为孩童的脖颈提供较为全面的保护。在织绣技法方面，帽顶中间，采用贴布绣制成一个憨态可掬的猪头，整个猪头形状分左右片，沿中心线对称缝合。猪脸下方采用堆绫工艺制成白色长条，为整体猪头造型增加立体感。猪鼻部分，采用立起的裁片与猪脸左右部分进行缝合，形成立体效果，边缘部分均施以紫、橙、绿三种绣线搭配包梗绣缘边，再施以平针绣勾勒出眉毛的形状，使得猪头的造型更加醒目。眼睛部分，运用平针绣绣出眼白部分，再采用打籽绣堆出眼黑部分，使得眼睛炯炯有神。耳朵部分，分别在正中心点缀一个桃花纹样，花朵采用长短针搭配粉色和银色绣线打造渐变效果，再运用平针技法勾勒枝叶的形状，再采用打籽绣点缀花蕊，最后采用三层金色波浪形线条绕帽缘一周，令人眼前一亮。颜色搭配方面，这顶童帽以黑色为主色调，可以更好地衬托出其他鲜艳的色彩，呈现一种较为厚重、深沉的色调。内里用红色面料，寓意吉祥，边缘巧妙地配以金色条纹，显得高贵典雅又不失活泼。

在童帽中，以猪形象作为装饰主题的童帽不是很多。猪在民间不仅是丰收与财富的象征，将猪的形象作为童帽的装饰主题，既源于自远古时期便形成的以猪作为生灵崇拜对象的古老习俗，又寄托了长辈们对孩童的美好祝愿。他们希望孩童能够像猪一样无忧无虑、健壮成长，并祝愿他们在未来的生活中诸事顺利、大吉大利。

14 黑缎地堆锦贴布绣花卉纹猪头风帽

这顶猪头风帽属于传统冬季童帽，适合秋冬季佩戴。其结构包括帽顶、帽耳、帽身及披风四个部分。帽顶设计紧贴头部，可有效保暖，帽耳设计宽大，能够覆盖住整个耳部，同时帽身造型饱满，帽子前部与顶部通过包边叠加拼缝，披风部分沿中线叠缝与帽顶帽身拼接，稳定性更好。该风帽的织绣工艺十分精细，采用堆锦、贴布绣、平针绣等传统技法，凸显了猪头的立体感与层次感。猪头图案的轮廓通过堆锦工艺处理，呈现出细腻的浮雕感。帽身正侧面拼接部分使用包边工艺使得接缝处更为美观，猪鼻部分的刺绣采用了细密的锁绣，进一步加深了面部的立体效果，而鼻翼两侧以及嘴部则采用钉线绣进行装饰，色彩丰富，增强了帽子的趣味性与美观性。猪耳朵和帽身的两侧运用了平缝技艺绣饰着精美的花卉纹样，底圈的绦子边用长寿、团寿二次方连续纹样装饰。尤其是帽耳两侧对称的花朵图案，突显了传统的工艺美感和艺术风格。配色方面，帽身以黑色为底色，搭配金、红、绿色进行点缀。猪鼻、眼部以红色和金色绣线勾勒，增添了帽子的装饰性和视觉冲击力。花卉纹样以金黄色为主，穿插绿、蓝等亮色，使帽子整体的颜色富有层次感，色彩搭配活泼却不失典雅。材质上，该风帽的外层为黑色缎地，内里为红色棉布面料，帽顶流苏作装饰，提供了柔软的触感和优良的保暖性。

这顶帽子的猪头图案体现了传统中国文化中猪象征的富足、健康与家庭幸福的寓意。结合花卉纹样，这顶帽子还表达了长辈们对儿童平安、幸福的美好祝愿，兼具实用性与象征意义。

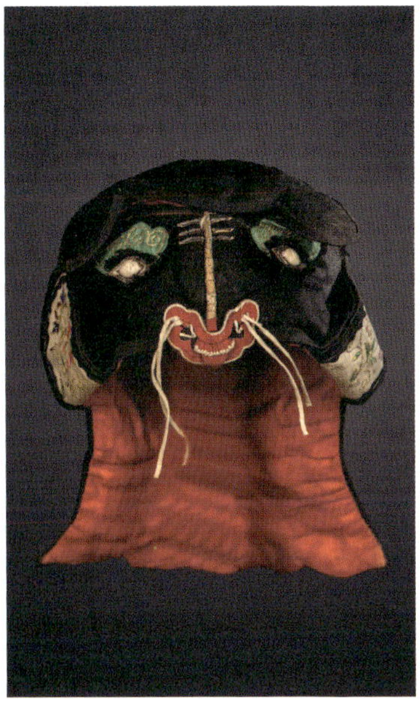

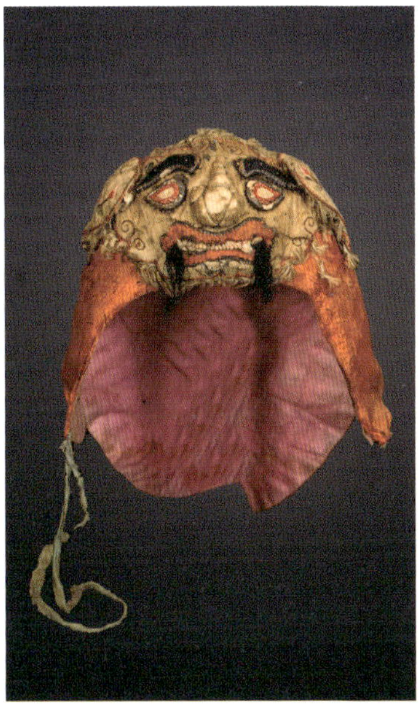

15 红缎地堆锦贴布绣牡丹纹凤头风帽

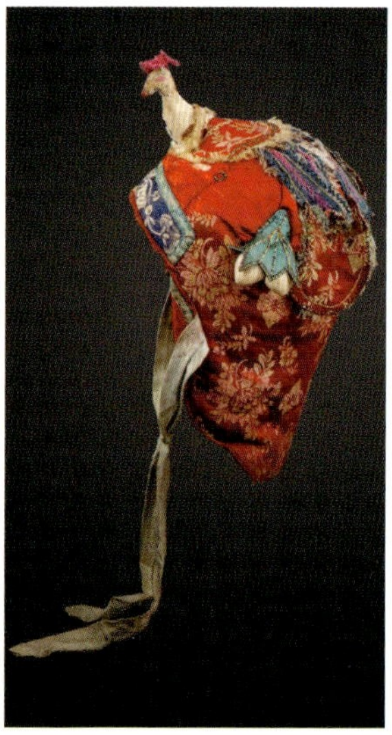

这顶童帽归为风帽类别，多在冬季佩戴。其结构包括帽顶、帽身、帽耳及披风四个部分。帽顶可以覆盖额头，披风长度大约至脖颈处，帽耳两侧缝制系带以固定。这顶风帽为左右对称的两片式，沿着中线缝合。织绣技法方面，凤头上使用盘金绣、锁边绣等工艺进行装饰；帽檐处蓝色底布上使用平绣工艺描绘莲花图案，同样在帽耳、披风处也使用平绣工艺刻画牡丹花纹，整体和谐且不失美感。这顶风帽最引人瞩目的地方便是其帽顶的凤头装饰，凤头整体呈现立体的形态，在凤头底部有毛料进行装饰，凤头顶部有流苏装饰，凤尾为贴布绣，与帽子上的披风重叠，凤翅远看酷似两个小耳朵。总体来说，这顶风帽将凤与帽子完美结合，不显突兀，可爱又有趣。配色方面，以红色为主色调，凤头使用黄白色点缀；帽檐及凤尾处使用青、蓝两色进行点缀，使得色调更加突出，赋予帽子更加强烈的视觉冲击力；系带使用灰绿色，营造出和谐的氛围。在材质的选用上，这顶风帽使用多种面料，如帽身处使用红色绸缎，面料柔软且有光泽；里衬为黄底红花棉质面料，以确保佩戴时的舒适性；系带使用灰绿色绸缎，上有暗纹提花，细节丰富。

这顶风帽为传统兽头童帽中的凤头帽，凤是中国传统文化中的百鸟之王，自古以来便是祥瑞与吉庆的象征，承载着天下安宁、和谐共生的美好愿望。凤头帽形态可爱，富有童趣，不仅将传统文化融入了服饰之中，还蕴含了对孩童的期许和保护。

16 紫缎地平针绣花卉纹凤顶凤帽

凤顶凤帽是一件充满传统魅力的儿童帽饰，特别适合在节庆和庆典场合的佩戴。其设计灵感来源于古典花鸟画，融合了凤凰元素的象征意义，整体造型优雅而精致，展现了深厚的文化底蕴和艺术价值。结构上，这顶风帽由帽顶、帽身、帽耳、披风和装饰性的凤顶构成，最有特点的是顶部装饰的立体凤凰，形象生动，使用多色丝线精细刻画凤凰的细节，尾羽向上翘起，形成一个引人注目的视觉焦点。工艺使用了贴布绣、平针绣与两种钉线绣技法，在顶部凤凰的翅膀处以钉线绣装饰，形成凤羽效果；垂下的饰片则用锁绣和钉线绣勾边；帽身的花卉纹样则使用平针绣缝制。配色以深紫色为主调，配合彩色刺绣增加了色彩的丰富性和视觉的吸引力。紫色缎地的选择不仅带来优雅的感觉，还赋予帽子一种神秘与高贵的气质。帽顶凤凰通体为黄色，用绿色与红色作点缀，并为黑色线迹勾边。中间部分则是黑色，使得帽子整体更显稳重。披风整体为黑色，上绣黄色花朵，并装饰了黄色缘边，形成对比。使用的材料以高质感的缎面为主，内衬采用柔软的棉质材料，确保佩戴的舒适性和适宜性。

这顶紫缎地平针绣花卉纹凤顶凤帽通过其精致的刺绣技艺和复杂的设计细节，完美展现了传统童帽的艺术魅力。其华丽的外观和寓意深远的文化象征使其成为在特殊场合佩戴的理想选择。

17 红缎地贴布绣花卉凤鸟系带风帽

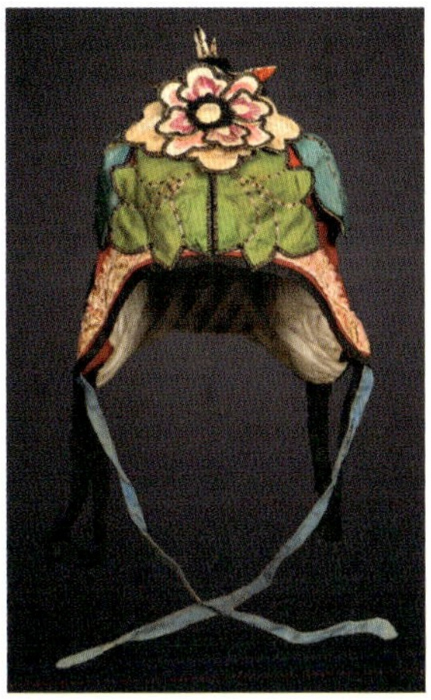

此帽饰归类于风帽范畴，适合冬季佩戴。其结构包括帽顶、帽身、帽耳及披风四个部分。帽顶覆盖额头，帽耳覆盖双耳，披风长及肩部。此风帽为两片式对称结构，沿中线缝合。帽身高耸，线条柔和且饱满，形似头盔。正侧背包裹严密，帽两侧有系带，极具保暖功能。

从工艺上看，帽顶有一只凤鸟，从翅膀到尾羽通过丝线刺绣呈现多种颜色变化，凤鸟立在上方，与花卉相映成趣。花卉下饰有两簇绿叶，叶片纹理通过贴布绣，用不同色调的绿色丝线呈现，使得每片叶子都生动逼真。叶片边缘带黑色锁边，叶片的排列方式错落有致，增加了整体设计的精致感和层次感。顶部有一朵立体花饰，花瓣层叠，中心色彩渐变，花心处点缀着对比鲜明的色彩，突出了立体感与精细度。帽底边用传统缠枝图案装饰，刺绣工艺精湛，每一个线条都十分流畅且均匀。配色方面，帽子的主体以红色为基调，这种鲜艳的红色在传统文化中象征着喜庆与吉祥，极具视觉冲击力。红地布上绣有细致花卉图案，以蓝色、绿色和粉色为主色调，帽檐处以淡黄色和粉色花纹作装饰，整体色彩既对比鲜明又和谐统一。材质方面，帽主体采用绸缎材质，柔软且有光泽；内里为棉布，布料较为柔软，提升了风帽的舒适度与保暖性。

这顶帽子的整体设计体现了传统工艺中的美学理念与手工技艺的精湛。其丰富的色彩、复杂的刺绣以及立体的装饰元素，无不展现出工匠对细节的关注和对自然元素的崇尚，是一件极具艺术价值的传统手工艺品。

18 鸡头风帽
橙缎地堆绫平针绣花卉纹

这顶帽子是典型的鸡头帽，其造型十分独特，头部的设计呈现出一只昂首的公鸡形象，具有强烈的装饰性和象征性。这顶鸡头帽的结构包括帽顶、帽身、帽耳和披风四个部分。帽顶呈高耸的三角形，顶部装饰有公鸡的鸡冠，夸张且立体。工艺方面，这顶鸡头帽运用了多种传统手工技法，包括堆绫、平针绣和贴布绣等。帽子的主体采用了橙色缎面材料，饰有金丝刺绣，使其显得华丽且富有层次感。公鸡头部的鸡冠、眼睛和嘴巴部分通过堆绫工艺表现，立体感十足，生动逼真。公鸡眼睛的细节通过细腻的平针绣完成，刺绣线条流畅，极富表现力。帽耳和披风部分以蓝色缎面为底，边缘装饰的精美的花卉纹样，亦是采用平绣技法，进一步丰富了帽子的视觉效果。从色彩上看，橙色、蓝色和金色的搭配使这顶帽子在视觉上十分醒目，橙色象征着活力与生命力，蓝色代表着宁静与智慧，金色则赋予了帽子尊贵的气质。

鸡头帽寓意驱邪避祸。公鸡自古以来就象征着阳刚之气，寓意勇敢、奋发向上，人们相信鸡能够为儿童带来力量和保护。同时，公鸡的形象也与传统中的祈福文化紧密相连，鸡鸣迎晨，代表着新的一天，寓意着儿童的未来充满光明与希望。

19

黑缎地贴布绣花卉纹金蟾顶风帽

这顶金蟾顶风帽是一件独具特色的传统儿童风帽，适合在秋冬季节佩戴。其设计风格结合了寓意富贵的金蟾形象，整体造型夸张、生动，具有强烈的装饰性与象征性。此风帽的结构包括帽顶、帽身和披风三个部分。金蟾覆于帽顶，为此风帽最为特别之处。工艺方面，这顶风帽主要采用了贴布绣、平绣以及部分钉线绣锁边。金蟾设计在帽顶的显著位置，整体使用贴布绣，采用精细的绣线描绘出金蟾的轮廓和纹饰，金蟾的眼睛和舌头则使用了堆绫工艺，更具立体感，为此帽增添了趣味性和视觉吸引力。帽顶后部与披风上装饰有传统的花卉图案，通过细腻的平针刺绣技法表现，花朵色彩对比鲜明，进一步丰富了帽子的视觉效果。帽身的外部边缘采用紫色和淡蓝色绦子边装饰，增强了造型的立体感和质感。配色上，帽子顶部以绿色和粉色为主调，覆盖在黑色帽身之上，底圈为紫色和淡蓝色，披风为粉色底，色彩形成鲜明对比，突出了帽子的奢华感和艺术感。材质方面，帽子的外层为优质缎地，内衬为柔软的棉质材料，确保了佩戴时的舒适性和保暖性。面部的金蟾装饰与内衬的柔软材质相结合，使得这顶帽子不仅具有装饰性，同时具备实用功能。

这顶黑缎地贴布绣花卉纹金蟾顶风帽通过独特的金蟾设计和复杂的刺绣工艺，充分展现了金蟾在传统童帽中的寓意——富贵和吉祥的象征，常用于祈求财富和好运。作为一件工艺精美的童帽，它不仅具备保护儿童的实用功能，还承载了深厚的文化象征意义，适合作为节日或特殊场合的装扮。

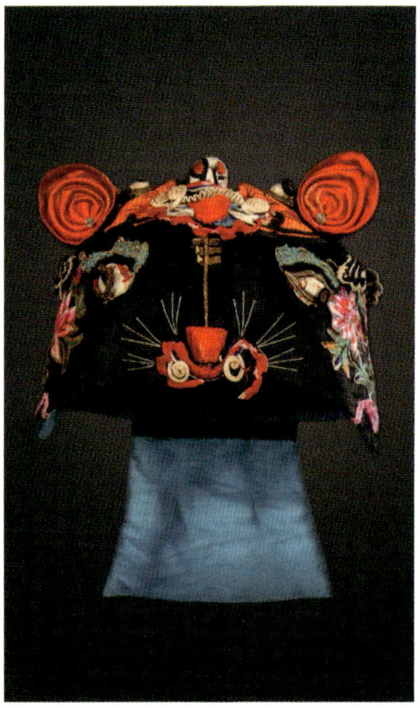

20 橙黑缎地堆锦盘金绣兔头风帽

此顶童帽整体造型为一只兔子，属于风帽系列，质料厚实，适合冬季佩戴。首先从结构来看，这顶风帽由帽顶、帽耳、披风及帽身四个部分组成。帽檐处横向拼接一块布料。披风长度大约至后脑勺处。在帽子正面及背面披风处可以明显看到中缝线，由此可知，此帽为左右对称的结构，并且沿着中线缝合。织绣技法方面，最下方白色面料上使用平绣针法进行装饰，图案题材有灯笼、叶片等。其中比较特殊的是灯笼纹，它创于北宋年间，亦称“天下乐”“庆丰收”。以灯笼作为主题图案，再加上流苏悬结、蜜蜂飞舞，隐喻五谷丰登。这种祈求发展生产、悬灯结彩的吉祥纹样，宋代以后依旧沿用。在披风处使用锁绣进行边缘装饰，除此之外，兔头两侧也有平绣花卉纹样。整体而言，兔子造型以黄色缎料为主，四只兔脚为白色缎料，边缘处用黑色、金色丝线缝制。兔尾巴下方还有三根编织而成的带子，走起路来摇摇晃晃，十分可爱。这顶兔头帽在用色上十分丰富，从正面看似乎只有黄、黑、白三色，但背面有绿、黄、红、蓝等色拼接在一起，显得生动活泼。

在中国民间文化语境中，兔子作为一种蕴含吉祥寓意的动物，被赋予了繁荣、幸福及长寿的深刻象征意义。鉴于此，众多家长倾向于让孩子佩戴兔子造型的帽子，以此寄托对孩子未来好运与健康的美好祝愿。该类帽子往往设计得颇为可爱，不仅契合了儿童天真烂漫的特点，也因其外观的吸引力而成为家长的选择。

21 黄黑缎地拼色堆锦贴布绣兔子风帽

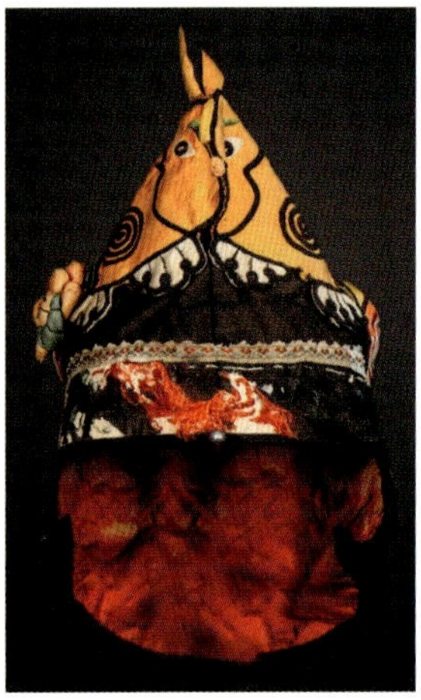

这顶童帽为冬季佩戴的兔头风帽，具有保暖的实用性功能和装饰的审美功能。结构上，这顶兔头风帽由帽顶、帽身、帽耳及披风四个部分组成，帽子内部较深，可以盖住整个头部，帽耳也较长，戴上去之后能覆盖双耳，帽子后部的披风大约至肩膀处，完全遮盖脖颈。从帽子正背面可以明显看到一条中线，由此可知，这顶帽子分为左右两个部分，为对称结构，沿着中线进行缝合。织绣技法方面，除了头顶的装饰使用了贴布绣外，帽檐处也用贴布绣装饰了一条白色花边布条，在兔子正面可以看到黑色丝线通过辫绣装饰成的圆圈形图案，背后亦有白蓝色的辫绣装饰。兔头上还用长短针的技法装饰了几朵蓝色花朵图案，十分有趣。配色方面，这顶风帽帽身、帽耳及披风均为黑色，头顶的兔子造型使用黄、红、橙、白等色拼缝而成，还可以在背面观察到，兔子身上趴着一只小蜜蜂，蜜蜂用青、白双色拼缝而成，富有童趣，帽子里衬则使用红色。整体上来说，这顶帽子用色丰富多样，对比鲜明，符合童帽的特性。材质方面，主要使用缎面，柔软，富有光泽。

此顶童帽最大的特点就是头顶的兔子造型。在我国的传统文化中，兔不仅是十二生肖之一，还被赋予了生育、祥瑞、长寿等文化内涵，是具有多重吉祥寓意的瑞兽。而蜜蜂同样也在中国传统文化中具有重要意义，它是勤劳、团结、奉献和自律的象征。由此可见，此顶童帽不仅在装饰技法上丰富多样，在文化内涵上也有多重意蕴，体现了中国传统文化中以物喻人的浪漫情怀。

22 红缎地贴布绣彩蝶花卉云纹开口风帽

这顶童帽属于风帽类型，是一种具有较强保暖御寒功能的帽子，在寒冷的冬季，成为孩子外出时不可或缺的日常穿戴之一。整体造型独特，其结构包括帽身、帽耳和披风三个部分。其中在帽顶上有开口，开口的上方呈现独特的波浪形，再加以绳子固定。帽身分左右两片，由中线缝合。帽耳可翻折，以满足不同的保暖需求，披风长及颈部，能够为孩童的脖颈提供较为全面的保护。帽耳的两侧装饰有两条长长的束带，它们不仅增强了帽子的美观性，还在需要时提供了便捷的束紧功能。织绣技法方面，帽额部分采用了贴布绣，运用了对称形状的卷云纹做底，正中心采用刺绣技法绘制花卉，施以锁链绣模拟花卉枝干，平针绣绣制叶子和花瓣部分，打籽绣点缀花蕊。花卉两侧采用长短针绣技法点缀了蝴蝶和蚂蚱，栩栩如生。在帽额上方、帽顶开口处以及帽底边，采用绣制波浪形黑色线条，进行缘边，使得帽子的结构更加清晰。帽顶开口的两侧，均点缀云纹贴布绣。色彩搭配上，这顶童帽以红色和黑色为主色调，边缘巧妙地融入了亮色花朵图案，既鲜明又和谐。材质上，主要采用红色和蓝色两种缎面材质，其中红色缎面上带有卍字纹。

风帽历史悠久，孩童风帽由成人风帽演化而来，是冬季不可或缺的必需品。孩童一直是长辈们悉心护佑的对象。在冬季及早春、深秋等多风沙季节，风帽成为孩童必备的头部保暖、防风御寒饰物，佩戴时间长。红色作为喜庆、吉祥、庄严、忠勇及美丽的象征，被巧妙地运用于童帽之上，为孩童带来吉庆祥和之气。面料上的卍字纹，其寓意着吉祥连绵不断、万寿无疆等美好愿望。帽上蝴蝶与花卉纹样交织，寓意长辈对孩童一生富贵吉祥、福气连绵、健康长寿的深情祈愿。

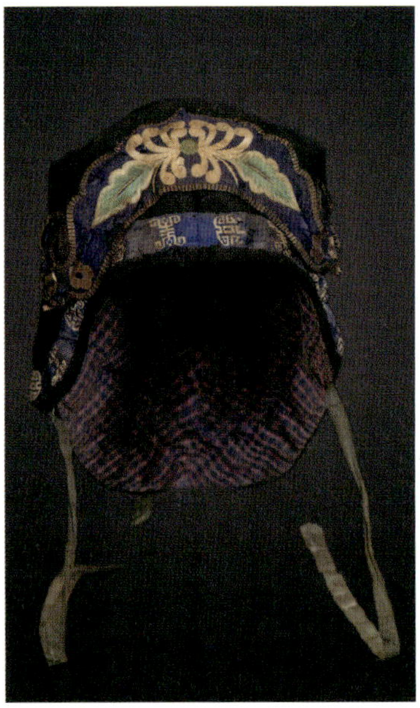

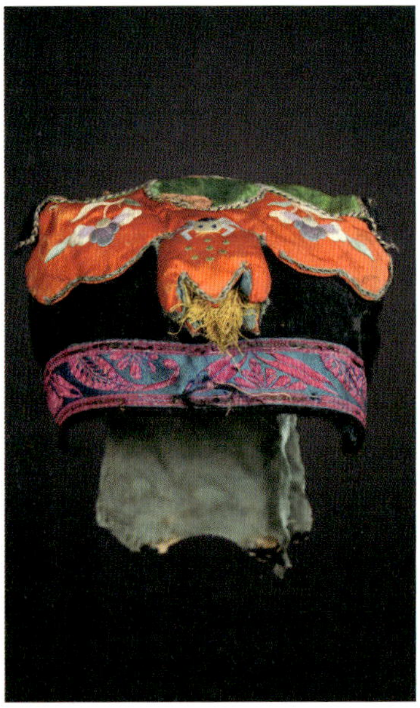

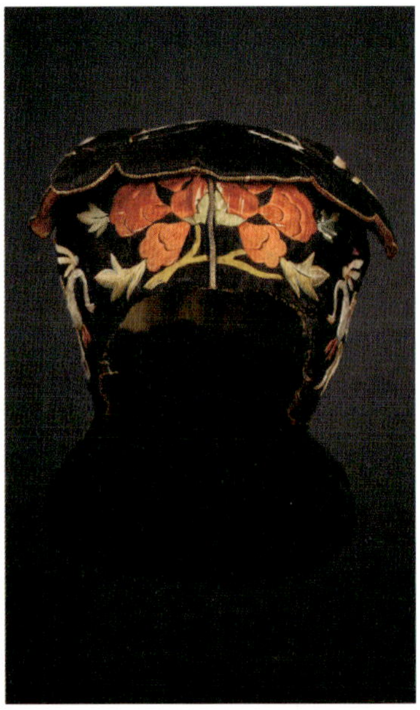

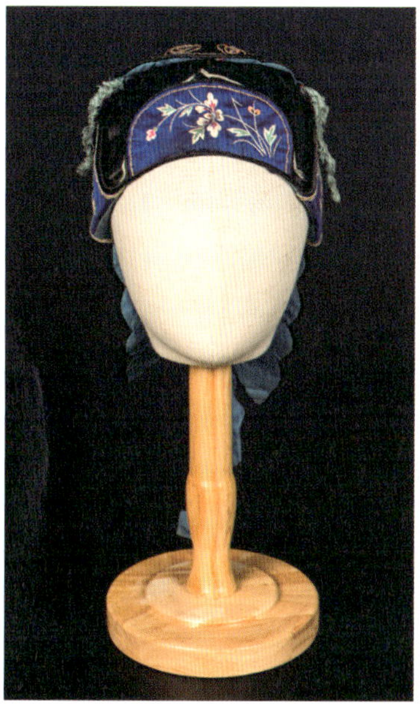

23 红蓝缎地过桥贴布绣蝶恋花挖云堆锦瓜形风帽

此童帽形制归于风帽一类。其结构包括帽顶、帽身、帽耳、披风和过桥五个部分。帽身为左右两片式，由中线缝合，帽耳处各缝一条绿色缎带。左右帽耳各有一条系带，帽顶有堆锦。就织绣技艺而言，帽身上方的祥云图案使用了盘金绣和锁绣，云纹巧用挖云技法与帽身后方的异色面料进行撞色。帽身顶端有一个堆锦的瓜形装饰，瓜形的底下是一片叶形贴布，贴布上同样有盘金绣来塑造叶脉。过桥以盘金绣的技法围出花的轮廓，再用复杂的锁绣在外围绣制一圈，丰富主题图案和分隔线。中心位置为盘金绣和锁绣合作的五瓣花一朵，两侧各有一只贴布绣的蝴蝶，蝴蝶身上的花纹也同样活用这两种绣法，不断变化技法使得蝴蝶栩栩如生。同时帽身前方隐藏过桥式样，用盘金绣和双色混用的锁绣确定其轮廓。此童帽整体绣法多样且用法变化多端，使得帽身的纹样呈现丰富多彩的效果。帽身边缘有三条绦子边织带，上方两条为曲线、直线的图形组合，下方一条是寿字纹的变体花纹。色彩搭配上以蓝、红为主色调，帽身前方多蓝色，以各色绣线塑造了一个极其绚丽的画面，大量地使用了金、绿、玫红、黑等颜色，十分夺目。帽身后方则以红色为主色，与蓝色和绿色进行强烈的撞色，其中也有金、玫红、绿等颜色穿插，与帽身整体的色彩相呼应。此帽配色浓烈，具有中国民间传统工艺的配色风格，各个颜色之间互相配合，相得益彰。

此风帽造型简单，但从绣制技法和元素图案的布置来看却十分具有巧思，将贴布绣、堆锦、挖云、过桥式样等多种传统童帽的要素结合在一起，在各个要素之间做了主次的分类。过桥式样虽在最显眼的位置，却由与帽身主体同色系的面料制成，将其隐入其中；挖云的云纹主体则放在帽身后方，帽身前方并不是挖云图案的主要表现场地；贴布绣也用大量不断变化的绣法将其与帽身整体很好地融合，而不至于单独凸显某一方；堆锦的瓜形则只有帽顶一处，且颜色与帽身前方的贴布绣相互呼应，也很好地融入其中。蝶恋花、祥云和瓜形在传统文化中都具有经典的吉祥寓意，蝶恋花象征忠贞的感情，祥云代表吉祥如意，瓜形寓意多子多福，均传达着亲人对孩童美好生活的希望与祝福。

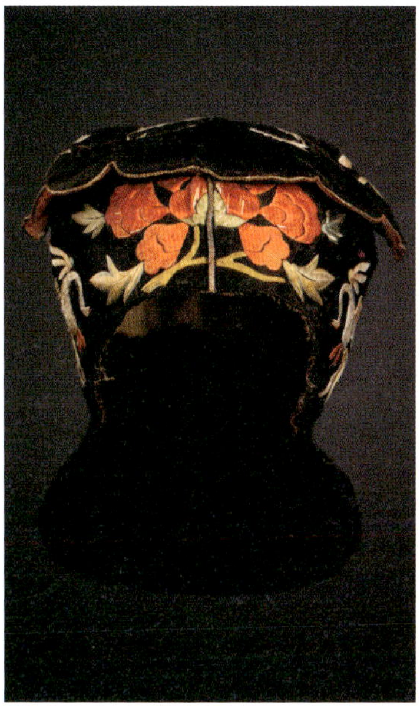

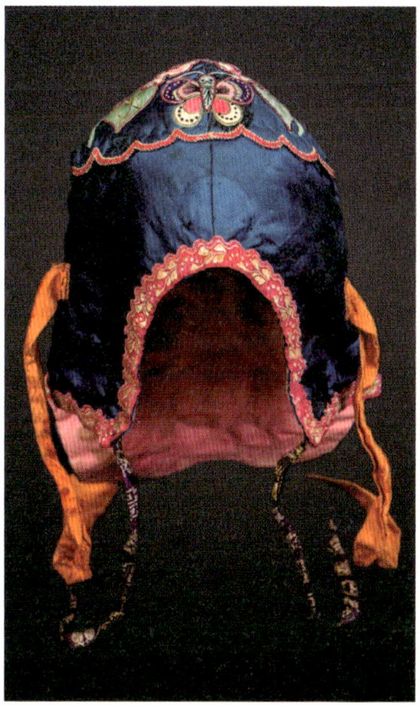

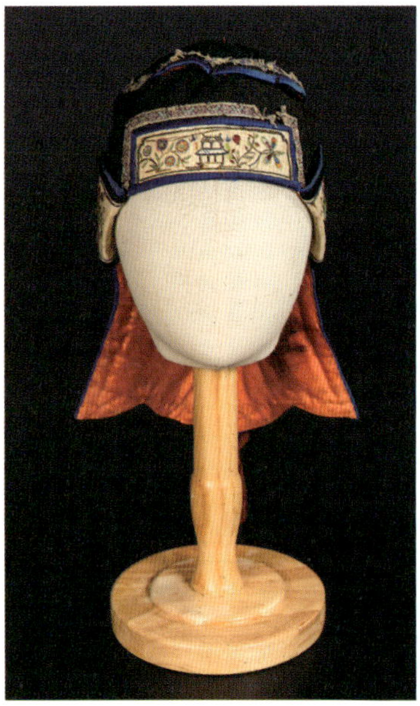

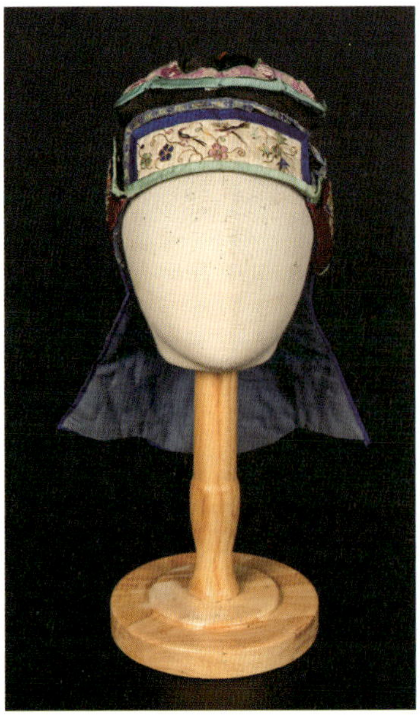

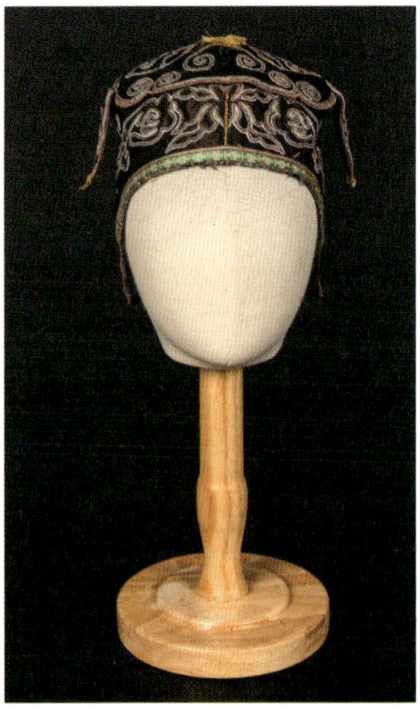

24 红缎地堆锦牡丹暗纹流苏双角风帽

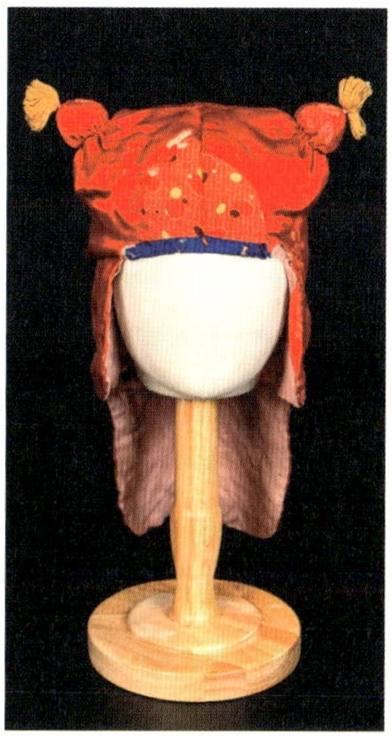
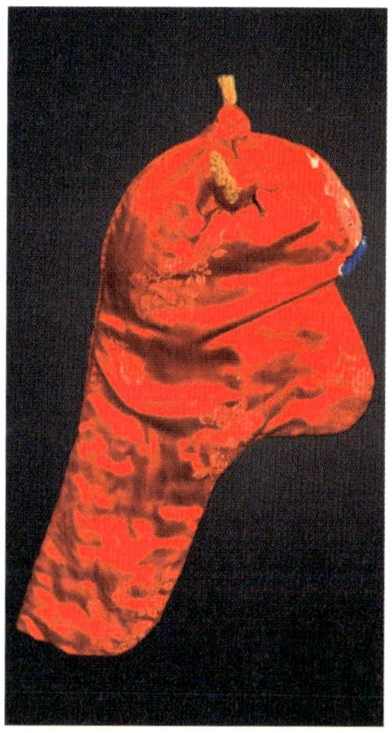
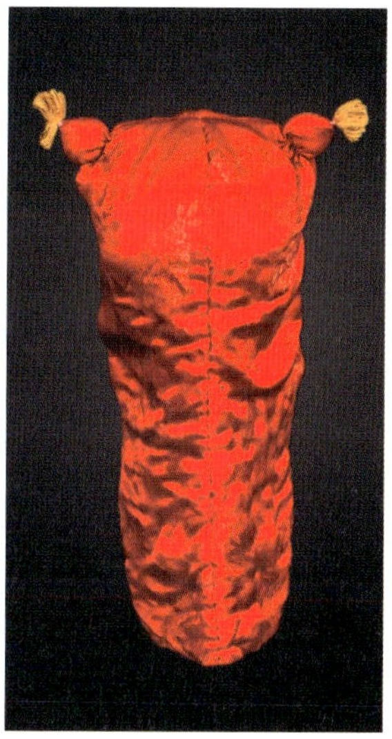

这顶帽饰属于风帽类型，适合冬季佩戴。其结构包括帽顶、帽身、帽耳和披风四个部分。帽顶覆盖额头，帽耳覆盖双耳，披风长及肩部。此风帽为两片式左右对称，沿中线缝合。正侧背包裹严密，极具保暖功能。从工艺上看，帽子正顶部两侧有两个耳角并装饰着黄色流苏，增添了几分活泼与灵动。帽子的红色缎面上可以看到细腻压花图案，图案呈现出以牡丹为主的花卉暗纹形态，使单色布料增加了层次感与美感。牡丹气质高贵典雅，盛放时花团锦簇，有“国色天香”的美誉，在中国传统文化中占有重要地位，被视为富贵、吉祥、幸福和繁荣的象征。配色方面，此帽以红色为主，大气喜庆，正面印有圆点图案，童真有趣；边缘以一条蓝色的布条包边装饰，色彩对比鲜明，配色独特；帽体背面较为平整，方便佩戴者活动，内部有一层衬里，为粉色，温暖治愈。材质上，此帽主体为红色绸缎，精致、有光泽，里衬布料较为柔软，提升了风帽的舒适度与保暖性。

此帽造型匀称，做工考究，实用性强，不仅在视觉上富有冲击力，其精致的细节工艺也表现出传统技艺的高超。红色象征着喜庆、热烈与活力，帽子顶部的两个装饰球配以黄色流苏，有几分俏皮与趣味。整体既具备实用性，又具备美观性，能在严寒中提供足够防护，同时也不失装饰的华丽感，反映出中华传统服饰文化中功能性与审美的融合发展。

25

黑缎地刺绣花卉纹风帽

此童帽形制为风帽类型，多在初冬季节佩戴。其结构包括帽顶、帽身和披风三个部分。织绣技法方面，帽额以平绣针法绣制出大幅的花卉纹；帽额底边镶两条窄窄的花卉纹锦，以作帽檐装饰；帽顶以钉线绣与拉锁绣绣制出花卉纹样，中间包裹着平绣针法刺绣出的桃子纹样，形态各异，与中间帽额装饰的花蝶纹交相辉映，蕴含着富贵如意的吉祥寓意。披风部分以平绣技法绘制出石榴花纹，浓缩了石榴花明亮如火的色彩与石榴枝叶曲折优美、婉转灵动的自然植物之美，象征着繁荣、吉祥、喜庆。配色方面，帽子主体为黑色，以蓝、红、绿、黄、白等彩线在其上织造丰富的花卉纹样，这些颜色不仅与黑形成了鲜明的对比，还寓意着富贵与光明。帽檐装饰有粉色和绿色花边，使帽子更具视觉层次感，整体色彩沉稳而和谐统一。材质上以最为常见的黑缎为地，富有光泽、柔软舒适、亲肤性好，适合长时间佩戴。同时在面料与里料之间夹以软衬或者硬衬，既符合晋绣的“硬绣”特征，又利于童帽的成型，还能提高耐久度。

这顶风帽为中国民间具有重要意义的文化品类。风帽中的桃形纹样与石榴花纹组合成具有吉祥含义的图案：石榴花纹，取石榴多子之意，象征着丰收与美好；桃在中国传统文化中代表祥瑞，象征着长寿。中国民间也有“榴开百子福，桃献千年寿”的民谚，桃形纹样和石榴花纹的组合，寓意着多子、多福、多寿。

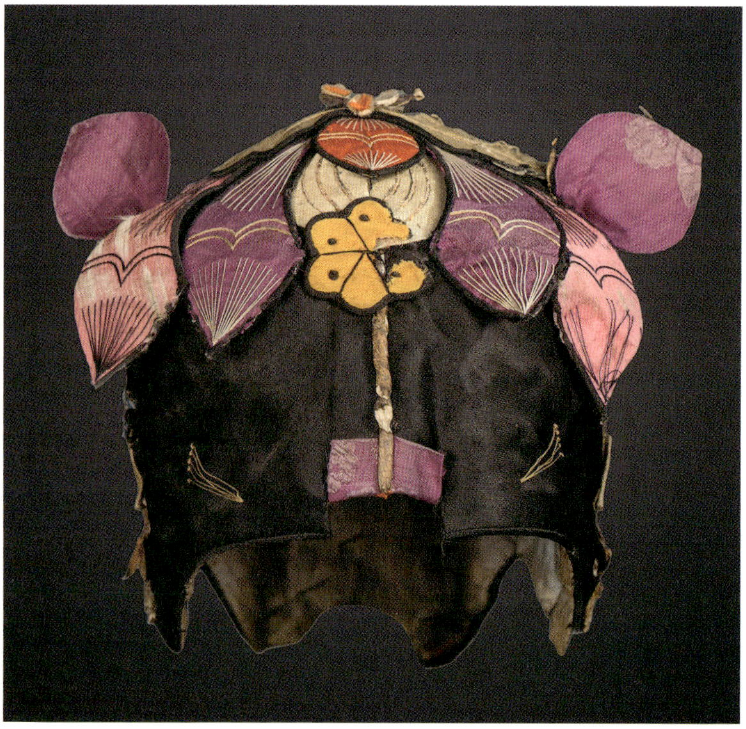

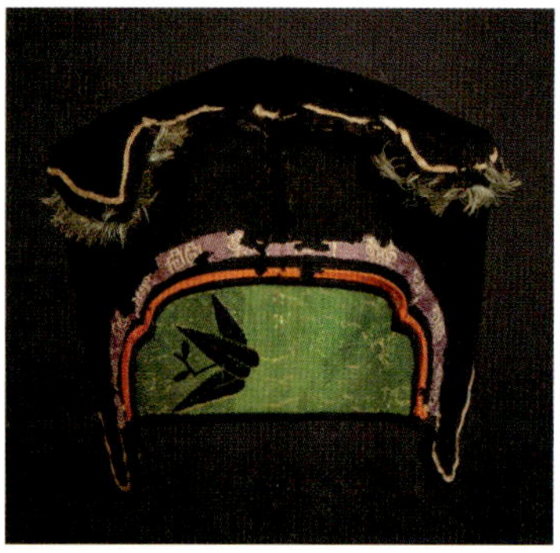

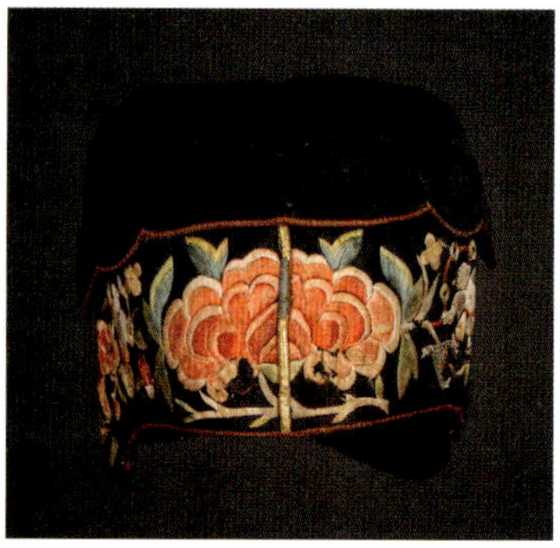

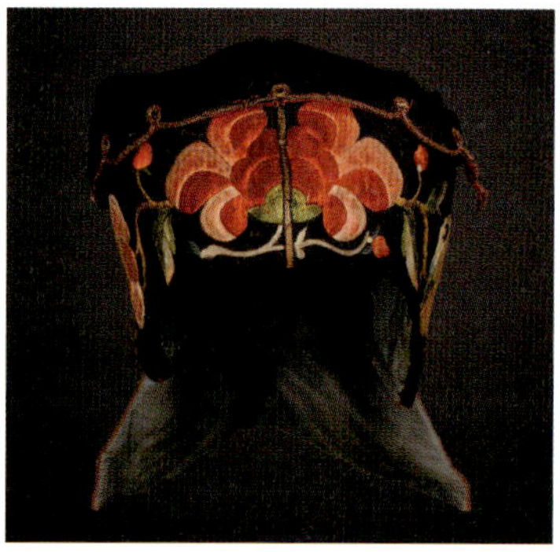
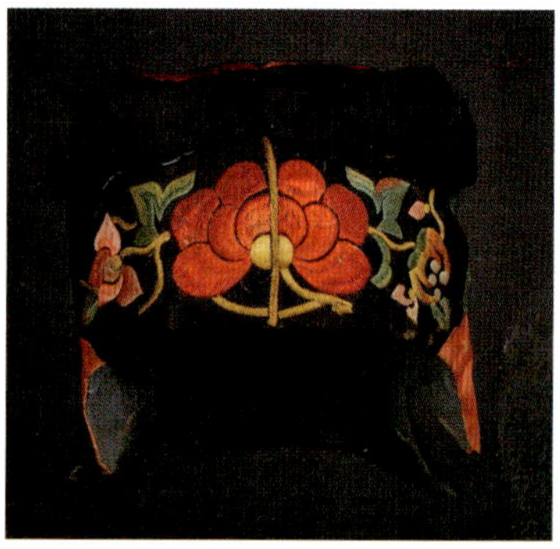
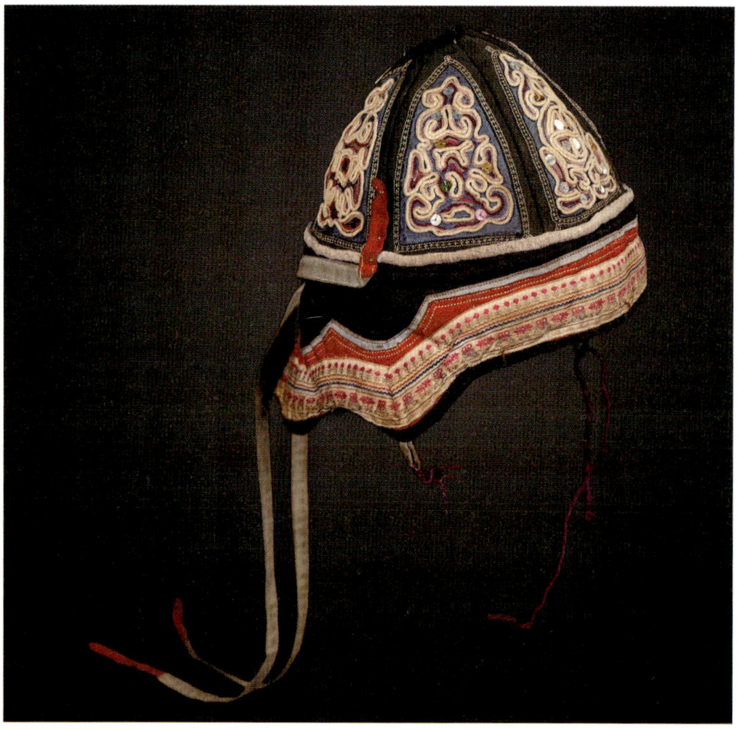

26 黑镶蓝缎平绣多子多福纹风帽

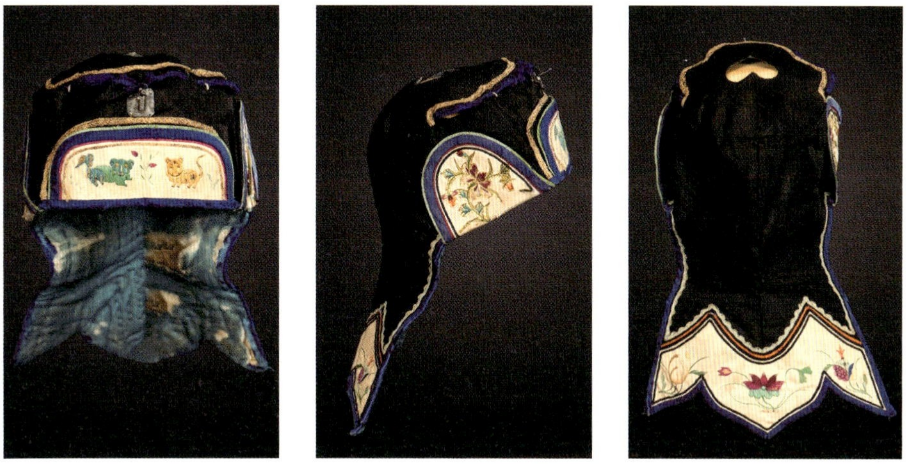

此童帽形制为风帽类型，多在冬季佩戴。其结构包括帽身、帽尾、帽耳、披风四部分，帽耳可以上下翻折，上翻的护耳上有绣花装饰。最具特色之处在于，其帽顶之上的镂空爱心装饰，形状规整，兼具美观和透气的实用功能。织绣技法方面，帽额采用平绣技法，刺绣出简单又不失童真的老虎和狗的动物纹样，中间装饰花卉纹样，和谐美观，纹样边缘处采用不同色的缎带拼接装饰；披风以平绣针法分别刺绣出佛手纹、荷花纹、石榴花纹，在各色地料上变换搭配各色绣线绣制的各种纹样，美观大方，寓意着幸福安康、吉祥如意、多子多福。配色方面，帽身主体为黑色，帽额部分装饰有绿色、红色、蓝色贴布，帽顶及帽额边缘部分装饰有黄色编织缎带；披风部分分别以绿、红、黄、橙四种彩线刺绣出各种花卉纹样，多样的色彩为沉稳的黑注入不少活力，营造明亮欢快的氛围。材质方面，以最为常见的黑缎为地，富有光泽，柔软舒适；里布填充有棉花，以增加保暖功效。

清至民国时期的晋式童帽中，以虎头造型为一大装饰主题，是古老的生灵崇拜之老虎崇拜最突出的表现。披风上的莲花造型内涵丰富，既与莲花“出淤泥而不染”的原生形态及特征有关，又因谐音“连”取连通之意，蕴含连生贵子之意；以石榴纹作为装饰题材，用以传达出多子多福的寓意；佛手纹，佛谐音为“福”，且佛手本身就可以表示吉祥，因而佛手纹也有着幸福安康、吉祥如意之意。

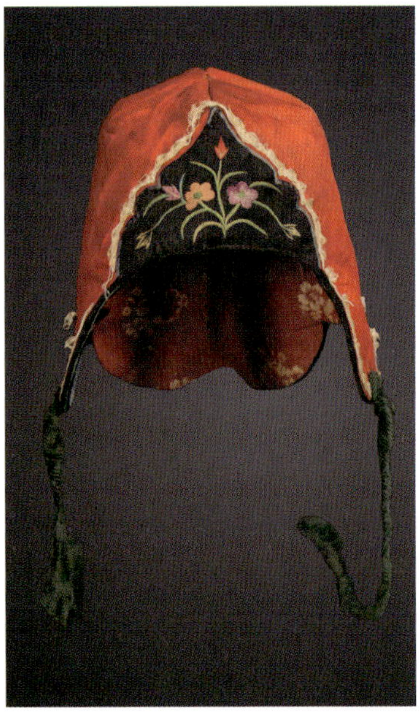

27

红缎地贴布莲花顶平绣花卉纹风帽

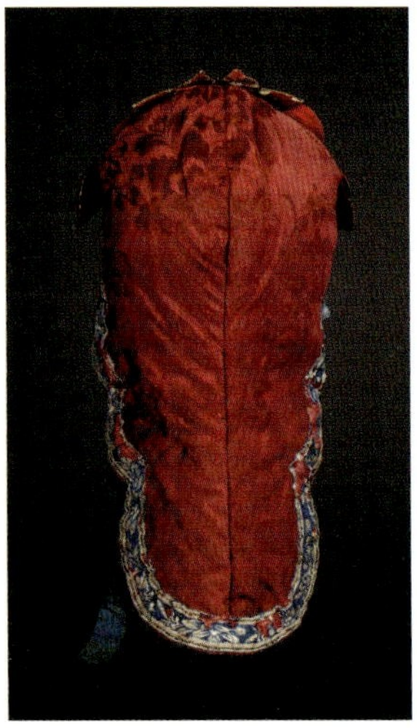

此童帽形制为风帽类型，多在秋冬季节佩戴。其结构包括帽身、帽额、披风三个部分。织绣技法方面，帽额采用贴布绣，塑造出清水出芙蓉的莲花形象，其中莲花的花瓣部分采用平绣技法填充花瓣，和谐美观。纹样边缘处采用金色的缎带拼接装饰，并以黑色线迹锁边，严谨工整。披风以平绣针法刺绣出精美的花卉暗纹。帽子边缘采用黑色绲边装饰，搭配蓝色花卉纹绦子边，整体美观大方。配色方面，帽身主体为红色；帽额部分装饰有绿色、红色、黄色贴布，形成栩栩如生的莲花图案，帽额边缘部分装饰有蓝色花卉纹缎带以及黑色绲边；披风部分用同色线刺绣出各种花卉纹样，整体配色和谐，营造出活泼热烈的浓厚氛围。材质上，以最为常见的红缎为地，富有光泽，柔软舒适；里布以绿色缎为主，耐脏耐磨。

莲花，是中国传统花卉，古名芙渠或芙蓉，现称荷花，盛开时花朵较大，叶圆、形突，果实可观赏、可食用，春秋战国时曾用作饰纹。莲花图案作为中国传统文化中经典图案的一种，代表含蓄、和谐、淳朴的中国人文思想，是人们对自然物象情感意识的升华。自佛教传入我国，便以莲花作为佛教标志，代表“净土”，象征“纯洁”，寓意“吉祥”。莲花纹因此在佛教艺术中成了主要装饰题材。在漫长的历史进程中，莲花不断被人们赋予各种含义：古代以莲花和鱼剪成图纸张贴，称为“连年有余”；莲花和牡丹花在一起，叫“荣华富贵”；莲花和鹭鸶在一起，叫“一路荣华”；牡丹、莲花和白头翁在一起，称为“富贵荣华到白头”；莲蓬加上莲子，叫“连生贵子”。

28 红缎地绣花卉荷叶边风帽

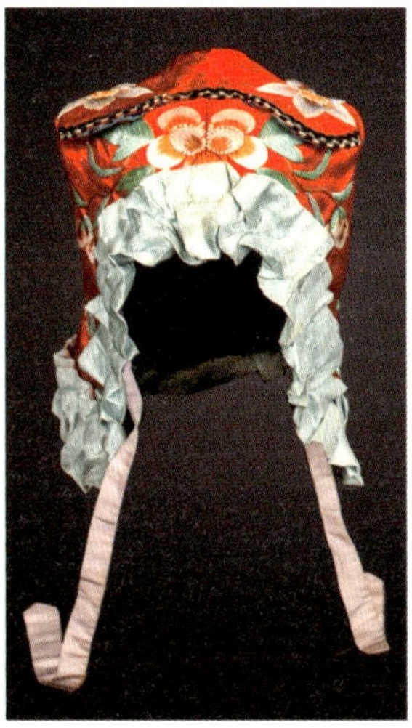

此童帽形制归于风帽一类。其结构包括帽身、帽身周围添加的荷叶边及两片拼接的兽耳形状的布片。就织绣技艺而言，主要以平绣的技法绣制帽身主体上的各色花卉以及茎叶，花蕊部分使用了打籽绣的技法，并使用各种色线过渡使花卉看起来更加真实，两种技法都使用得十分娴熟，花叶针脚细密均匀，对称分布相同的图案。在帽身顶端拼贴兽耳的部分，也用两种颜色绣制了缘边，勾勒出兽耳的形状。色彩搭配上，以红为主色调，辅以浅蓝色和淡黄、浅绿等灰度较高的浅色，再点缀以橙色或亮黄色，将亮色和浅色再度融合，使整体颜色既明亮鲜艳又不过分炫目而失去重点。系带则用与花朵相同色系的粉色来呼应，帽身各处也使用了互相辉映的色彩，使得整顶帽子的颜色既丰富多彩又主次分明。

此风帽设计简约大方，大红色的底色和刺绣的花叶都具有浓烈的中国传统文化美感，又添以浅色荷叶边和粉色系带，将其高明度的厚重性削弱，增添一种儿童的俏皮可爱风格。此帽沿用了虎头风帽的轮廓，即在帽身上方拼接了兽耳形状的布片，但在具体表现形式上又进行了创新，把虎头帽的老虎元素全都替换成柔和的花叶刺绣，再加上荷叶边的拼接，使得帽身整体弱化了虎头的威严，兼具童真和优美的风格，荷叶边的设计更好地为孩童遮挡风寒，彰显了民间工艺品的制作精良。

29

黑缎地贴布平绣花卉纹兽耳风帽

这顶童帽属于风帽类型，适合冬季佩戴。其结构包括帽顶、帽额、帽身、帽耳四个部分。帽顶可覆盖额头，帽身延长向后翘起，形似鱼尾。该风帽为左右对称的两片式，沿中线缝合。织绣技法方面，帽顶左右两侧各做立体兽耳，兽耳边包绲边，绲边内宕金色织带，内嵌毛线边。帽额处贴布绣祥云，贴布中部宽，尾部向上卷起，贴布包绲边，绲边内宕边。贴布上平绣花卉，中心尖头花蕊，花蕊两边各两片等大花瓣，枝条从右至左蜿蜒穿过花卉，枝条上间错分布叶片，左边一朵小花含苞待放。帽耳处内贴布绣，布上平绣蟋蟀，活灵活现。帽耳至鱼尾处包绲边，内宕金色织带。配色方面，帽身主体为黑色，兽耳内为紫红色，耳上嵌湖蓝毛线边。贴布绣为白色，上绣粉绿色花卉。帽耳处红色贴布上绣绿色蟋蟀，颜色对比强烈。帽边缘宕金色织带，整体色彩沉稳中带有活泼。材质上采用多种传统织物，外层为黑色绸缎，里衬为蓝色绸缎，帽耳内贴红色织锦，柔软舒适。

此童帽的特色在于帽尾的鱼尾，由于“鱼”与“余”谐音，鱼常常被视为财富和富足的象征。蟋蟀被认为是吉祥的象征，寓意着人们要有顽强的生命力，不怕困难、勇往直前。这顶童帽表达了长辈对孩童生活富裕的美好祝愿和坚强勇敢的希望。

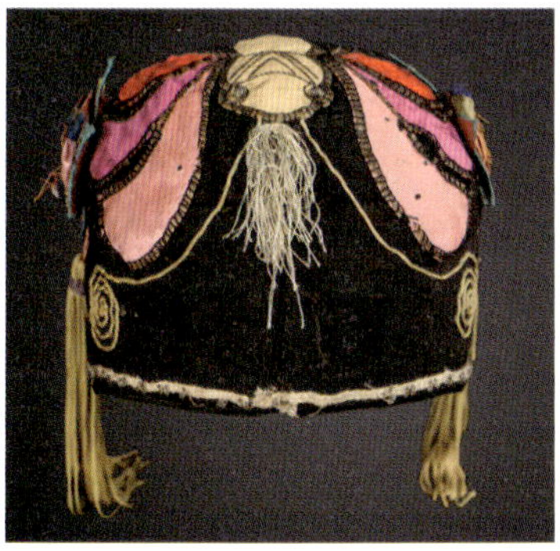
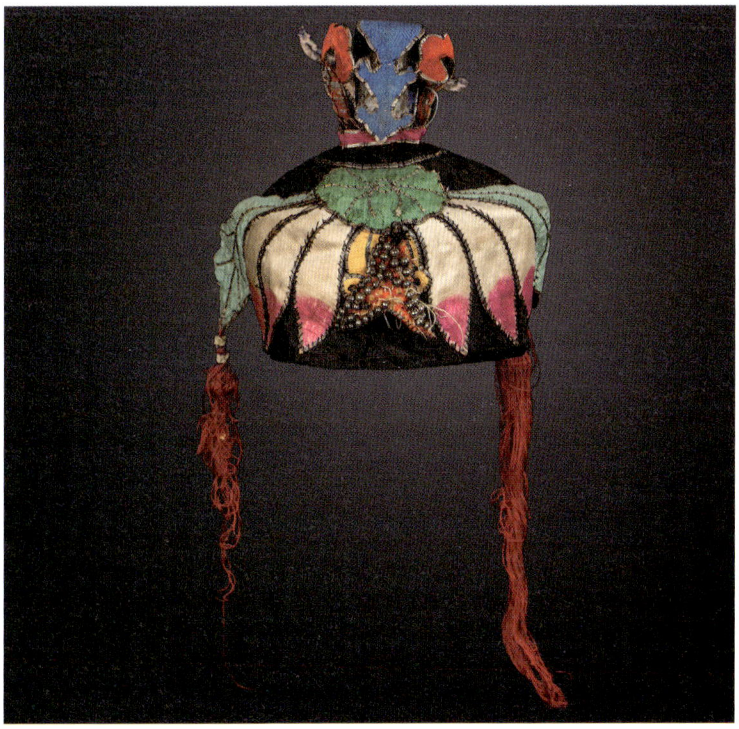

30 多色缎地刺绣花卉纹盘长纹方头风帽

这顶帽饰属于风帽类型，多在秋冬季节佩戴。其结构包括帽身、帽顶和披风三部分。此帽整体造型富有特色，结构立体，精致严谨。帽体大致为方形，边缘略带弧度，帽檐较宽，多层叠加，展现出纹理感和立体感，帽顶较为平整，与帽檐形成鲜明对比，给帽子增添一份稳重感。从工艺上看，帽体运用大量以平针绣为主的手工刺绣技艺。帽顶檐边表面装饰以传统花卉图案，如石榴花纹和莲花纹等。帽顶绣有四只蝴蝶，披风绣有花鸟图案，两侧下垂的祥云形饰片，寓意祥瑞，面上还绣有鱼戏莲纹样。此外，风帽缝制绲边和绦子边，绦子边盘长纹呈连续排列，盘长结又称吉祥结，给人连通贯穿、绵延不断的感觉，这种连续感，有事事顺、路路通、家族兴旺、子孙延续、富贵吉祥等世代相传的美好寓意。帽顶后缘处饰有流苏。配色方面，以蓝色为主色，黑色地布作底，宁静高贵，粉色和黄色点缀提亮，使整体更加生动活泼，紫色的运用既增强了视觉冲击力，也增添了一份高雅和神秘感，金色装饰边缘，璀璨华丽。色彩之间过渡自然和谐。材质方面，此帽制作极为考究，主体采用丝绸、缎面等材质，柔软、舒适。

此帽融合传统工艺的精髓，通过色彩和细节的处理展现出丰富的内涵，让我们感受到工匠们对细节的追求和对美学的探索。使这顶风帽不仅具有较高的艺术价值，也在一定程度上成为文化传承的重要载体。

31

黑缎地贴布绣平绣花卉纹风帽

此童帽形制归于风帽一类，多在秋冬季节佩戴。在结构上，这顶帽子的主体由帽顶、帽檐和披风构成。帽顶为内圆外方设计，紧贴儿童头部，确保佩戴时的稳固性与舒适性。帽檐部分覆盖帽身外围，形成自然的延展，起到遮挡与保护作用。披风部分垂下，进一步增强了帽子的保暖功能，同时赋予整体设计更多的层次感和视觉丰富性。工艺方面，这顶帽子运用了贴布绣这一传统特色工艺。例如帽身的如意纹使用贴布绣，使之立体丰富。在帽檐与贴布绣等缘边处采用了钉线绣与锁绣，部分位置如披风部位使用织金绣缘边。帽檐下方是用平面绣塑造的典型的莲花纹。贴布绣与锁绣平针的设置十分精巧，通过不同颜色的丝线和布料拼接出精致的图案，丰富了帽子的视觉效果。在配色上，帽子整体以黑色缎面为主，象征着高贵与典雅，绿色、蓝色和红色等鲜艳的色彩相互搭配，使得整体色彩对比鲜明而和谐，展现出传统儿童帽饰的独特魅力。

这顶帽子不仅展现了传统儿童服饰中精湛的手工技艺，更承载了深厚的文化寓意。如意纹象征着吉祥如意，花卉图案更添平安与祝福，表达了长辈对儿童健康成长、幸福生活的美好期许。这件传统儿童帽不仅拥有非常实用的价值，还展现了工艺背后的美学逻辑和文化内涵。

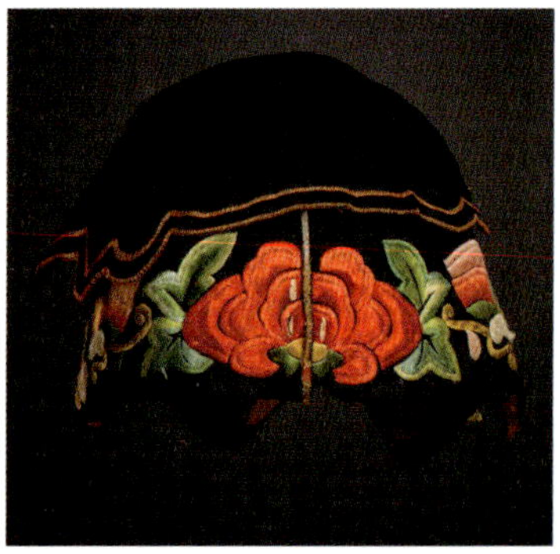

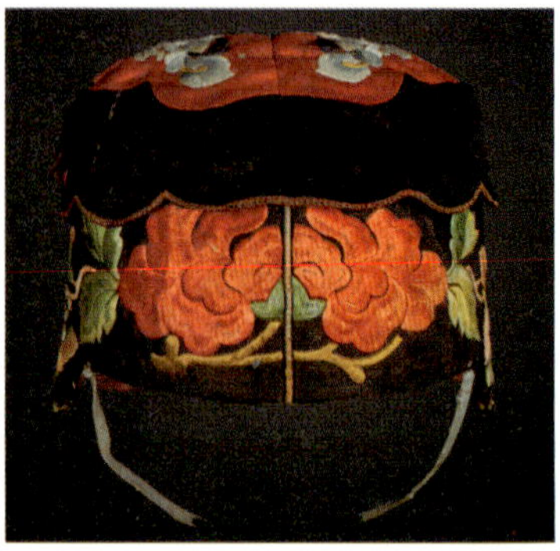

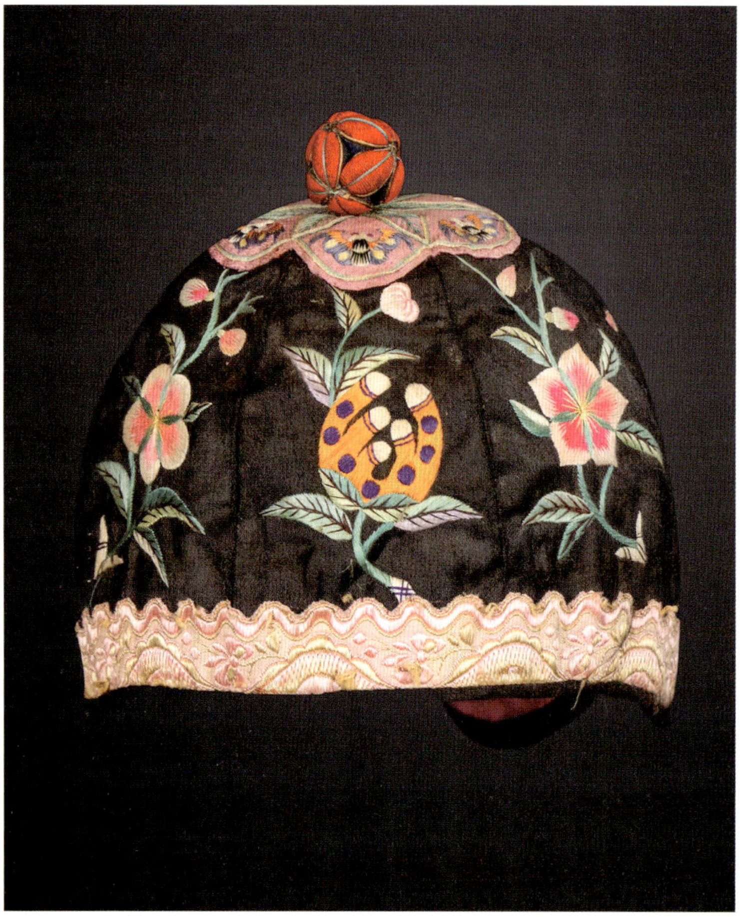

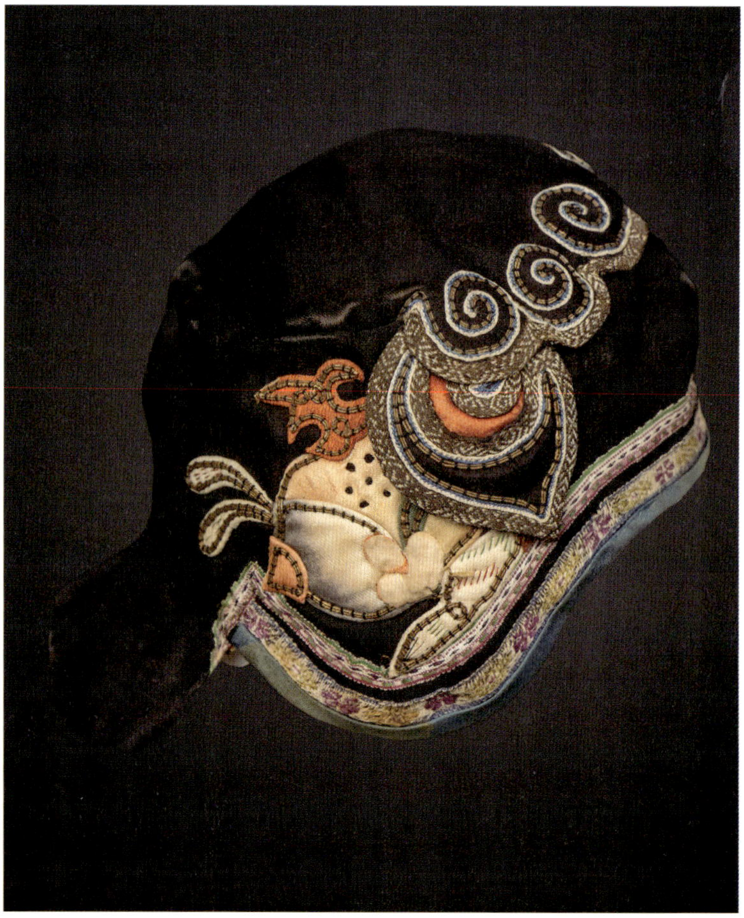

32 红缎地刺绣莲花镶镜过桥风帽

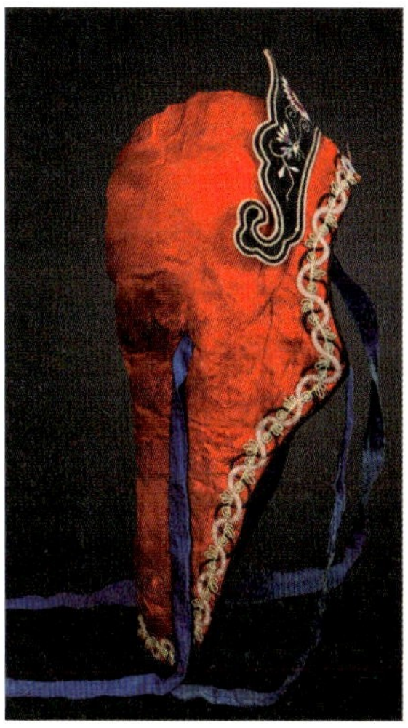

此童帽形制为风帽类型，多在冬季佩戴。其结构包括帽身、帽耳、披风和帽额前的过桥。帽顶可覆盖额头，帽耳较长以覆盖双耳，披风长及肩部，有较好的保暖效果。该风帽为左右对称的两片式，沿中线缝合。织绣技法方面，过桥边缘采用包梗绣并用双金线绣装饰，平针绣塑造出莲花、蝴蝶、叶片交相辉映的景象，莲花中央采用镶镜工艺，镶镜或是出于美观、驱邪避恶等目的。帽身及披风边缘装饰织带。配色方面，帽子主体为红色，内衬及扎带为蓝色，热烈的红与沉静的蓝形成强烈对比，增强了视觉冲击力，过桥为黑色，红、蓝、黑三种颜色的组合和谐又亮丽。黑色过桥上的花卉为粉色，配以浅色的蝴蝶和叶脉，更加突出刺绣纹样形态。帽檐装饰有金色织带以及黑色绲边。整体色彩搭配既鲜明又协调，完美展现了传统服饰的色彩美学。材质上，以最为常见的红缎地为主，光泽感强；里布则是蓝色缎，耐脏耐磨。

风帽作为传统童帽中的一种，充分展现了中国传统儿童服饰的艺术魅力和文化内涵。帽子过桥上的莲花象征高尚圣洁，在中国文化中，蝴蝶的“蝴”字与“福”字谐音，因此也为吉祥、幸福的象征。这顶童帽简约却不简单，充分表达了长辈对孩子的美好祝愿。

33 彩缎拼接剪纸绣花鸟纹无顶风帽

此童帽形制为风顶帽类型，为无顶风帽，多为冬季佩戴。其结构包括帽身、帽尾和帽耳三个部分。织绣技法方面，帽身主要采用剪纸绣，以较有韧性的金、银色材质修剪绣花鸟纹的大致轮廓，采用各色绣线以平针绣绣制出对称的两组花鸟纹。帽身两端原本就已经色彩艳丽的花蝶纹在金地硬质的衬托下更显夺目，光彩耀人，尽显富贵之气，图案生动鲜活，拙中见雅。帽耳为两片单独缝制的部分上绣一只飞翔的小鸟，可放下护耳，也可折上去用绿色绸缎系于脑后。帽尾部分装饰有不同色系缎带，增加参差感。配色方面，帽身以黑色为地，更好地衬托出童帽斑斓多彩的配色之美，使整体呈现一种较为厚重、深沉的色调，展现着寂静、沉稳、坚强的情感基调。帽额部分为蓝色缎布，在晋地童帽文化中代表着正义与理智，蓝色以及最为多见的黑色这两种色彩的运用，体现出晋地百姓淳朴、稳重、坚毅的性格特征。帽尾为紫色，里衬绿色，多样的色彩形成较为强烈的对比，增强了童帽的装饰效果与美观度。材质上以最为常见的黑缎为地，内里采用带有暗纹的绿色缎料，柔软舒适。

传统花鸟纹样是中国传统文化中的一种装饰纹饰，包含了由花和鸟组合而成的图案。这些纹样不仅单独使用，还常常与其他纹饰组合，形成更加复杂和丰富的图案；不仅是装饰品，也反映了古人对自然美的追求和对美好生活的向往。

34 黄缎地龙纹平绣班通风帽

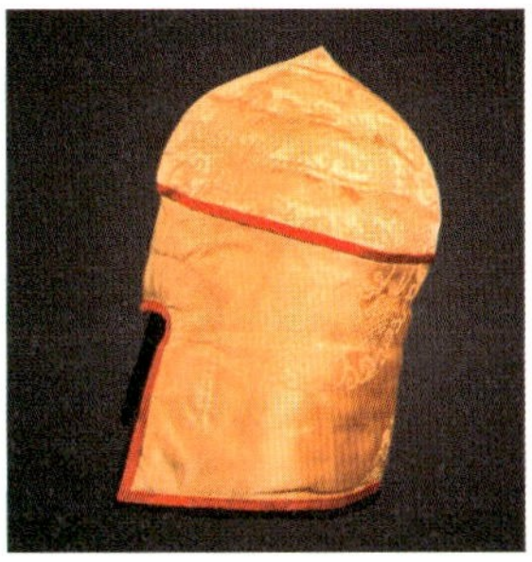

这顶班通风帽是藏传佛教文化与白族儿童风帽相结合的产物，原本是高级僧人或学者佩戴的帽子形式。该儿童风帽的结构简单，帽顶呈尖形，带有较短的延片设计，可遮挡耳部，用以保护头颈部免受寒风侵袭。尖顶的设计象征着智慧的最高境界与佛法的崇高，延片则体现了保护功能，也具有装饰性。工艺方面，帽子主要采用了平针绣的工艺，外层为黄缎地。龙纹通过平针绣表现，平针绣的针脚密集、均匀，纹样清晰细致，表现出龙纹的精美细节，同为黄色针线与帽身一体，若隐若现，好似暗纹，增强了光滑帽身的层次感，丰富了视觉效果。龙作为“四灵”之一，在中国文化中有着深厚的象征意义。在这顶童帽上，龙纹的使用不仅仅是装饰，作为中国文化中的吉祥符号，更承载了长辈对儿童健康成长、平安幸福的美好祝愿。配色上，这顶帽子以黄色为主，黄色在传统文化中象征着尊贵和祥瑞。帽缘配有红色织带装饰，且帽子内部为黑色，与主体黄色形成视觉上的明暗对比，增加了整体设计的层次感。红黄两色的搭配既传达了庄严与吉庆的寓意，也增加了帽子的典雅气质。材质上，帽子的外层为黄缎面料，内里采用黑色绒布面料，确保佩戴时的舒适性和保暖性，增强了整体的实用性。

这顶班通帽通过简约的设计与细腻的工艺，造型与纹样结合了宗教与民族的象征意义。龙纹与配色代表着力量、庇护与繁荣，赋予这顶帽子以尊贵的地位和深厚的文化内涵。

锦绣童帽——传世虎头帽文化图鉴

童帽

第四章

童帽的形制与种类

4.1 童帽形制分析

童帽结构包括帽顶、帽身和披风三部分。根据现有传世童帽的结构，童帽可分为三个种类。第一种为既没有帽顶也没有披风的帽圈，通常在帽子的前面装饰丰富的立体图案或者刺绣，如图1所示。第二种为帽顶和帽身相连，没有披风的碗帽，如图2所示。第三种为风帽，风帽中有的帽顶、帽身和披风三位一体，如图3所示；有的只是帽身与披风连体，如图4所示；还有的披风通过系扣等方式连于帽身，依据天气冷暖可自由装卸。童帽的基本形态是有一定规律的，也就是其基本结构遵循以上三种形态。但是童帽的装饰形态丰富，所以其造型多样。如图5所示，红色线迹部分为帽子的结构，同一种类的童帽结构的造型大同小异，黑色线迹为装饰部分，此部分的造型变化多样，所谓“一花一世界，一帽一乾坤”[1]。童帽的帽身作为帽子的结构基础，其他结构的变化是在此基础上的延伸。帽身是帽戴在头上的一个支撑部位，也是承上启下的一个连接部位。从生理学角度，帽身的主要作用是保护人的额头，因为儿童喜欢奔跑打闹，额头容易磕碰，嬉闹过后又容易出汗，易受风，而儿童的身体较弱，所以护好额头至关重要。没有帽身结构的存在，便不可成为帽。碗帽是在帽圈的基础上加了帽顶，帽顶的存在，适应了春秋季的温度变化。而风帽是在帽圈或者碗帽的基础上增加了披风，适应了冬季的寒冷。童帽受传统中庸思想的影响，无论从内在结构还是外在装饰，都非常讲究对称，主要采用左右分裁式，以前后中线为中心线，进行拼合。形态上遵循对称均衡，保持在外观造型上对称的同时，也保持装饰纹样视觉上的均衡。在对应位置上纹样大小和疏密会保持视觉上的一致，而且纹样的寓意也会有一定的呼应，例如“凤戏牡丹”或“蝶恋花”就常常作为一组纹样对应出现，如图6所示。

图1 帽圈

图2 碗帽

图3 风帽样式

图4 风帽样式

[1] 李采姣．服饰上的心意民俗——论宁波童帽的特色[J]．宁波大学学报（人文科学版），2007.5，（3）．

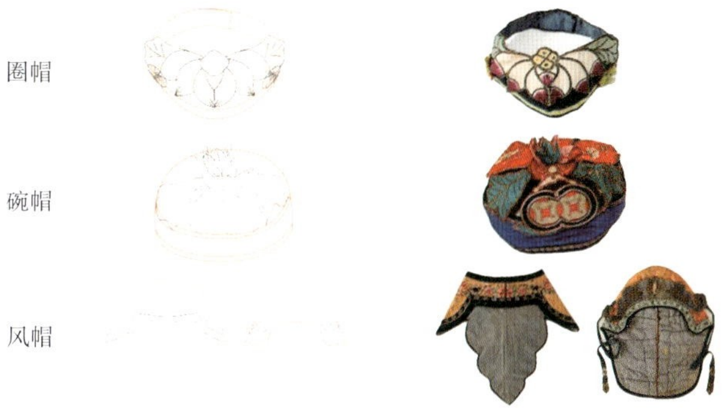

图5　童帽三种造型的结构分析

图6　童帽中的“蝶恋花”纹样

4.2　童帽种类分析

儿童在不同的季节佩戴不同的帽子。根据天气的冷暖，制作者不仅会调整帽子的厚度，也会改变帽子的造型。春季带碗帽、方体帽；夏季戴凉帽、帽圈，常见的有虎头帽、莲花帽、相公帽等；冬季戴风帽、罗汉帽等。不同的节日会带不同寓意的帽子，除夕和正月初一，母亲为孩子戴上新帽，寓意辞旧迎新；清明节时，孩子要戴上用柳条编的帽圈，寓意“思青（亲）”，所以有“清明戴杨柳，下世有娘舅”的谚语；元宵节时戴兔帽与“月兔东升”的场景呼应；端午节被认为“毒气旺盛”，父母为孩子戴上虎头帽以求子女平安。在不同的年龄段也会佩戴不同造型的帽子。初生的婴儿的第一个月戴“月里帽”，又名帽垫，帽顶留有圆孔，用线抽小，可以根据气候调节开口，帽檐四圈压上花边；七八个月的时候（春秋冬季）要带有耳朵的帽子，比如兔儿帽、狗头帽、狼头帽、虎头帽、狮头帽等，如图7所示。儿童的性别不同，帽子的造型也不尽相同，例如为男孩准备的帽有全虎帽、双虎帽、全狮帽、双狮帽、麒麟帽、蝴蝶扑莲帽、鱼戏莲帽等，如图8所示；女孩的有莲花帽、金瓜帽、石榴帽、凤凰帽等，如图9所示。

图7　兔儿帽

图8　麒麟帽

图9　石榴帽

童帽不仅有保温避寒和装饰美化的作用，更是真挚情感的载体，承载着中华民族最淳朴的感情。在一些地区，母亲为了给孩子制作一顶小帽，宁可裁剪掉自己的衣服。“帽”在读音上与“冒”相同，所以给孩子戴上小帽，就蕴含“出头”“冒尖”之意。母亲们用自己出嫁时的衣物绣品为自己的孩子改制衣物，于是牡丹、莲花、鸟等的花纹又出现在儿童身上。童帽的命名也十分讲究，如孔雀帽、蝙蝠帽、鹧鸪帽、石榴帽、“莲生贵子”帽等，都含有吉祥寓意的动植物。有的童帽从名字上就可以看出长辈的期望，如秀才帽、“百岁”帽、“福禄寿”帽等。

锦绣童帽——传世虎头帽文化图鉴

童帽

第五章

童帽的装饰与颜色

5.1 童帽装饰分析

5.1.1 童帽仿生装饰的创作手法

我国传统服饰要求装饰的纹样设计兼具外观美和内容吉利两种特点。宋元以后受到理学思想的影响，在装饰艺术领域反映意识形态的倾向性越来越强，社会的政治理论观念、道德观念、价值观念、宗教观念都与装饰纹样的形象结合起来。[1]童帽在其装饰内容上也遵循这一思想。

童帽的装饰内容十分丰富，而大多都模仿具有吉祥内涵的自然生物，被称为象形童帽。由于制作者个人的喜好和想要表达的情感不同，进行描摹的对象也会千差万别；地域的不同也会影响人们对装饰形态的选择，例如江南地区的“荷花公子帽”，广西地区的“八仙帽”等。在进行设计创作时有的童帽造型栩栩如生，有的简约神似。

5.1.2 丰富的装饰灵感

童帽装饰丰富，纹样层次分明。一顶童帽一般都有几种寓意不同的纹样相互映衬组合而成。主饰一般位于童帽的正前方，作为制作者想要表达的中心寓意，基本可分为浮雕和半浮雕两种形式，做工精致，视觉张力很强。辅饰用来衬托主体，基本有半浮雕和平面两种形式。

（1）以兽头为装饰题材

儿童帽子的造型与装饰是相互影响的，以动物造型的童帽最为明显，如虎头帽、狮头帽、狗头帽、兔儿帽等，前额简单勾勒动物特征，帽前的两侧竖起一对耳朵。常见的兽型有狮、虎、龙、牛、兔、猫、狗等生命力极强的动物，取繁衍兴盛、易养活的寓意。其中虎头帽和狮子帽相较于其他造型更受欢迎，因为人们对虎的崇拜由来已久，各地区也都有关于虎头帽的传说。如图10所示的虎头帽，帽身用象征富贵的黄色作为主色，用简单的几笔勾勒周身的花纹，与生动写实的外在造型形成对比，额头的中间是虎的标志“王”字，圆鼓鼓的两只大眼睛和红色的大口相呼应，让有“天下之大，唯我独尊”气势的老虎显得有几分可爱。一些地区喜欢让孩子带猪头帽，如图11所示。中国农村有“富不离书，穷不离猪”的经典格言，可以看出“猪”在中国农村的受欢迎程度。这与中国农村的生活状态有关，出于生产和经济的需要，养猪是一种普遍现象。童帽中猪的形象也是对财富向往的表现。所以人们用“猪”的形象装饰帽子，只愿孩子有一个富贵殷实的前途，展现了中国人民最朴实的情感。

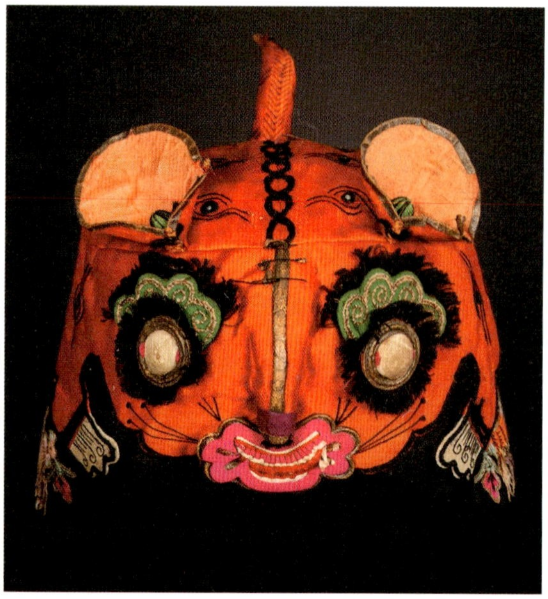

图10 虎头帽

[1] 胡雅丽．现代服装艺术设计中传统服饰元素的运用[J]．大众文艺，2008.12.

（2）以飞鸟虫鱼为装饰题材

中国传统服饰中以“凤戏牡丹”“蝶恋花”为题材的装饰纹样屡见不鲜。在童帽中，人们除了用平面的刺绣、绘画等手法表现外，还利用立体装饰，这也是童帽的一大特点。如图12所示的凤凰碗帽，一只展翅待飞的凤凰在帽子的顶上，凤凰被塑造得惟妙惟肖、色彩艳丽。帽子做工精致，装饰精美，展现了古代妇女的心灵手巧。蝴蝶在童帽中的造型更是丰富：有的直接做成一个立体的花蝴蝶，用铁丝固定在花帽上，在儿童走路时蝴蝶随着身体晃动，显得活泼可爱；有的用堆布绣直接绣于帽身，触角用流苏装饰，显得很有层次。“蝴蝶帽”“凤凰帽”基本为女童帽，鹧鸪帽是男童佩戴的一种帽饰。鹧鸪帽的左右两边各绣一只上扬的鸟头或公鸡头，寓意小孩长大可以加冠。相较而言，“鸡公帽”表现得更直接，帽顶直接用红色的流苏装饰，做成鸡冠的形状。

图11　猪头帽

图12　凤凰碗帽

（3）以植物的花卉果实为装饰题材

童帽上植物的花和果实的装饰图案，有寓意富贵的牡丹和芙蓉花，有寓意多子多福的石榴、佛手，还有寓意长寿的寿桃和梅花等。如图13所示，帽正前方一朵硕大的寿桃，在黑色底料的衬托下显得十分富贵。图14为“童子坐莲”碗帽，帽顶绣一朵立体的莲花，莲蓬制作得十分逼真，而有些莲花送子帽中间的莲蓬直接以童子的形象代替，更直接地表达人们对人丁兴旺的期盼。莲花除了多子寓意外，还有“莲花仙子”的美称，为儿童戴莲花造型的帽圈，是期望莲花可以庇佑自己的孩子健康成长，不受天灾人祸的伤害。这种帽子一般为帽圈的造型，正前方是一朵饱满的莲花，有的正立，有的倒立，有的花瓣、莲蓬、荷叶模仿得栩栩如生，而有的却简练概括，极具形式美感。除此之外，人们对梅兰竹菊的崇拜之情也在童帽中表现出来。有一顶蓝色段子底的狗头帽，帽顶的刺绣纹样就是以梅兰竹菊为题材的。五瓣造型的梅花、玲珑洁雅的兰花、潇洒挺拔的竹、迎霜傲立的菊，被描绘得细致精美。梅的傲骨、兰的幽芳、竹的劲节、菊的淡雅是中国文人墨客追求的极高精神境界，由此童帽背后的内涵也就不言而喻了。

图13 花卉帽

图14 “童子坐莲”碗帽

（4）以神像为装饰题材

以银质神像装饰的童帽在很多地区都很受欢迎，其中“观音说法”“罗汉帽”“八仙帽”等童帽较多。中国民间供奉诸神，观音的故事流传最为广泛。她集真善美于一身，人们把对观音的膜拜转化为孩子童帽上的饰物，是希望观音菩萨能够保佑自己的孩子一生平安、万事如意。[1]“八仙帽”大多造型很简单，基本为碗帽的造型，不加任何刺绣装饰，只是在帽子的正前方镶嵌上三下五两排神仙的塑像，每个塑像都满面春风，塑像下面有八颗银泡，两耳旁用银链串连银铃铛和铸有花纹的小银盘做装饰。罗汉帽最突出的特点就是帽子前面整齐地镶嵌九个银质罗汉，帽顶绣满朱红色的牡丹花，也有的直接用朱红色面料代替，如图15所示。九为最大的阳数，并与“久”谐音，宁波地区认为给女孩带上这样的红色披风帽，长大出嫁后，就能把富贵绵延给子孙后代。

（5）其他装饰题材

除了上面所说的兽头、花卉、银饰神像等装饰题材，童帽还有其他的装饰题材，例如直接用文字，如天官赐福、兰桂齐芳、三元及第、长命富贵、独占鳌头、四季平安、聪明伶俐、福如东海等，如图16所示。文字是人类思想变成具体代码的一种符号形式，将期望和祈求直接用文字装饰在儿童的帽子上，是中国人心意最深厚但又最直接的表达。童帽的装饰除了模仿动植物外，还有以四角亭为模仿对象的“古亭帽”。相传神龟为了帮助灾民渡过海难，将自己化为龟山，“古亭帽”是人们模仿龟山上的四角亭设计的。但这只是传说，然而成语中有“四角齐全”（比喻完美无缺）这一词，完全可以表达长辈对子孙完完全全的爱。这种寓意丰富的“古亭帽”展现了古人的聪明智慧。

---

[1] 李采姣．服饰上的心意民俗——论宁波童帽的特色[J]．宁波大学学报（人文科学版），2007.5，20（3）．

图15　罗汉帽

图16　“福如东海”帽

5.2　童帽色彩分析

童帽的色彩丰富，一顶帽子上可达十几种色彩。沿袭中国传统喜好，红色在童帽中也一样受欢迎，妇女们还喜欢用黑色搭配各种色彩，如紫色、金色、青色、赭色等，显得富贵典雅。童帽在用色中也会模仿动植物的色彩，有时制作者会依据想象，将现实事物的色彩进行夸张、简化、嫁接，形成新的视觉效果，因此童帽的色彩变化繁复，层次细密。童帽还会用一些花边装饰，多为黑色、金色、米色等，丰富童帽色彩的同时也起到了调和衔接主辅料的作用。

后　记

人在一生中可能去过许多地方，也许有不少地方会在记忆中消逝，可是故乡的一山一水、风土人情却永远难以忘怀。人在一生中会经历不少事儿，有许多事儿在脑子里不留丝毫痕迹，可是童年生活中的一些物件却能定格时间、记录年代，寄托满满的祝福。

小时候非常喜欢虎头帽，看到花花绿绿的帽子就忍不住买下来，反复欣赏把玩。在几十年设计生涯中，转战好几个赛道，我始终没有改变收集帽子的爱好，一有条件就千方百计收藏起来。“积一勺以成江河，累微尘以崇峻极。”今年春天整理库房时，忽然发现自己收藏的清代、民国的虎头帽竟已接近3000顶。

这些虎头帽的色彩、纹样各异：这些帽子大多是以五行正色青、赤、黄、黑为主；来自民间的文化驳杂其中，其中有几百顶帽子，驳杂多种民俗文化，每一顶居然都有十几种色彩，刺绣更是几十道绣法汇于一身，其精致令人赞叹。可谓一花一世界，一帽一乾坤。

从帽子的款式来讲，除了传统的帽圈、碗帽和风帽，更有些说不出的款式，有平顶的、立体的、平面的，比如立体的莲花帽、五梁冠帽，不一而足。

最令人赞叹的是帽子上面的各色纹样，自古以来中国人讲究有图必有吉意。这些有吉图吉意的帽子代表着妈妈、奶奶、姥姥对儿童深深的爱，是姑姑、姨妈、婶婶、大娘对孩子的一片赤心，是保佑孩子平安健康、聪明智慧、鱼跃龙门的美好心愿。

这些凝聚着先人们聪明智慧的作品，给予了我无尽的艺术营养和创作源泉。作为一个服装设计师，我常常把虎头帽上的吉图吉意绘制到图案设计中，这使得我的作品展现出民族化、个性化的时尚面貌，我也因此斩获中国十佳时装设计师、中国纺织非遗推广大使、意大利“Le Grandi Guglie della Grande Milano”金顶奖等荣誉。新华社对此的评价是“周锦将传统与现代、文化与时尚完美融合，在精彩的时装秀中呈现了一场别开生面的时尚盛宴，掀起了一场国潮新风”。锦绣服饰被《华盛顿邮报》、路透社等世界知名媒体广泛报道，秀场照片被《英国每日电讯邮报》评为2020年5月4日全球最佳图片。

“知命不惧，日日自新。”随着阅历的增长，我在与不同国家的设计师的交流中、在致力于锦绣服饰公益道路上，不断回看这些收藏，品读出更为深刻的文化内涵。

从图案的题材中，动物图案意味着“兽”，谐音暗藏着“长寿”的含义。最为常见的虎，代表着林中之王，有祝孩子强健有力和驱除邪祟之意，把虎戴在头上，更是希望后代如同虎一样勇猛，取的是生发和百毒不侵之寓意；帽子上的狮子则代表着勇敢、权威与祥和；牛则有勤劳务实、风调雨顺之意。

兔子图案的含义则是怀中抱兔、事事吉祥，正如兔在中华文化里大多与道家的祥兔和干支之捧印有关。民间传说兔儿帽只能是属兔或属马的孩子戴，有宗教祝福之意；猪则代表着诸（猪）事顺利、无忧无愁，如同孩子降生时父母总会给孩子起一个贱名一样，希望孩子平安成长；蝙蝠则有进福、遍福之意；鼠的图案则有子嗣繁衍和人丁兴旺的寓意；题材最多的蝴蝶则代表着幸福、美满与长寿。

在植物中牡丹代表着花开富贵；佛手代表着招财好运、事事顺利；石榴、寿桃、佛手组成的三多纹则是多子多福之意；瓜瓞绵绵与莲花则有人丁兴旺、连生贵子之意。

另外还有民间传说题材的，童子坐莲花代表着连生贵子、连升三级之意；刘海戏金蟾则意味着好事连连、如意发财。

很多帽子上都融汇着传统文化的深刻内涵，除了看到的五行、五色，以及十二生肖所代表的天干、地支理念，还有《易经》中自强不息、厚德载物的精神；在帽顶诸多的阴阳图和帽身的八卦图中，我看到了中国人的内圣外王、天人合一，看到了中正、中和的中庸之道。这些设计当中充满了哲学的思考。它注重和谐的线条、恰到好处的色彩搭配，不仅表现出中国传统审美观念，还体现了人与自然的和谐关系。我不禁为中华民族女性的生活智慧和文化基因喝彩。

著名服装史大家，我的老师华梅先生说：一顶虎头帽是中华民族探源工程的一部分，值得我们去重视和研究，它的文化意义可以追溯到中华民族的源头，是世界上独一无二的存在。

这3000顶虎头帽形制各异、色彩纷繁、内涵丰富，我为古人的审美品位、智慧创造而感动，这是别的国家和民族鲜见的文化基因。这些吉祥祝福也深深地震撼了我，让我下定决心要把这些民间瑰宝整理出来，让更多的文化学者品鉴，让更多的设计师们借鉴，让更多人以拥有包含华夏文化符号的艺术品为荣。这些饱含独特文化记忆的珍品，必将吸引更多的非遗人来传承，同时让一代代年轻人了解中华优秀传统文化的渊源和伟大之处，进而形成文化自信、民族自信。

“大鹏之动，非一羽之轻也；骐骥之速，非一足之力也。”在整理这些虎头帽的过程中，我多次向台湾省的林安梧先生、武汉大学的万献初先生以及十翼书院的米鸿宾山长求教，他们为我贯通学理、解惑答疑，还欣然提笔为本书作序，我按照收到先后顺序把这些文字依次置于文前。在成书过程中，我深深地感动于我的老师、同事和学生们在炎热的夏季，陪伴我一起整理、一起拍摄；更难忘所有在此过程中给予我帮助和指导的老师们、朋友们，在此一并感谢，祝福大家冬至吉祥！

周锦

2024年冬至于济南